DIXIAOLIN GAIZAO TUIHUALIN XIUFU
JISHU SHOUCE

低效林改造退化林修复技术手册

袁成　主编

U0381153

河海大学出版社·南京
HOHAI UNIVERSITY PRESS

图书在版编目(CIP)数据

低效林改造退化林修复技术手册／袁成主编. 一南京：河海大学出版社，2023.11
ISBN 978-7-5630-8519-4

Ⅰ. ①低… Ⅱ. ①袁… Ⅲ. ①低产林改造一手册
Ⅳ. ①S756.5-62

中国国家版本馆 CIP 数据核字(2023)第 219753 号

书　　名	低效林改造退化林修复技术手册	
书　　号	ISBN 978-7-5630-8519-4	
责任编辑	杨　雯	
特约校对	阮雪泉	
封面设计	观止堂	
出版发行	河海大学出版社	
地　　址	南京市西康路 1 号(邮编：210098)	
电　　话	(025)83737852(总编室)　(025)83787104(编辑室)	
	(025)83722833(营销部)	
经　　销	江苏省新华发行集团有限公司	
排　　版	南京布克文化发展有限公司	
印　　刷	广东虎彩云印刷有限公司	
开　　本	880 毫米×1230 毫米　1/32	
印　　张	6.125	
字　　数	170 千字	
版　　次	2023 年 11 月第 1 版	
印　　次	2023 年 11 月第 1 次印刷	
定　　价	78.00 元	

编委编著人员名单

编委会

主　　任:王　永

副主任:单兆林　于登才　王慧珠　方升佐

编　　委:周　挺　王　军　马冬冬　曹园园　朱　嘉
　　　　　谭　军　袁　成　杨海波　王　淼　梁浩然

编著者

主　　编:袁　成

副主编:程龙飞

编写者:(排名不分先后)
　　　　　王　军　袁　成　谭　军　程龙飞　杨海波
　　　　　朱　嘉　潘永胜　霍建军　汪立三　李宝华
　　　　　蔡卫佳　张其兴　张　婕　王　淼

序

　　林业兴则生态兴，生态兴则文明兴。林业在实施国家"双碳"战略和推进"美丽中国"建设中具有十分重要的地位和不可替代的作用。实现林业高质量发展，服务生态文明建设是新时代林业发展的重要任务和林业科技工作者的使命担当。现有低效林改造和退化林修复技术可为全面提升森林生态系统服务功能和生态产品价值实现提供重要途径与方案。

　　由江苏省宿迁市林业专家和技术推广骨干人员共同协作编写的《低效林改造退化林修复技术手册》，针对目前以杨树为代表的人工用材林经营管理中面临的主要问题，在全面总结宿迁市多年来在杨树低效林和退化林改造与修复中取得的科研成果和实践经验基础上，提出了新阶段造林绿化树种品种选择、低效林改造、退化林修复、林木有害生物防控等关键技术措施和实施方法，具有较强的科学性、针对性和可操作性，可供营造林生产单位、林业科技推广人员和基层林农借鉴应用。推荐的适生树种名录不仅适用于江苏省宿迁市域内造林绿化，也对我国黄淮海平原地区和南方型杨树主产区造林树种选择具有重要的参考价值。

我们相信，本书的出版必将在林业实用技术推广普及和林业生态文明建设中发挥重要作用，为实现人与自然和谐共生的现代化作出林业应有的贡献！

2023 年 8 月 20 日

目　录

第一章　绪论

第一节　概念

我国平原绿化中存在大量低效林,黄淮海地区和南方型杨树主产区尚有很多低效林退化林,森林植被的生态功能和经济功能尚有极大提升空间。施士争研究员认为,严格意义上江苏省的退化林较少,并且对普通读者来说,退化林和低效林难以区分。实践中,退化林也可以理解为低效林的一种,原来是健康的,由于某种原因变低效了。

低效林改造属于森林经营技术的范畴,指对已有林分实施相关森林经营措施。黄利斌研究员认为,不管是从国家林草局颁布的相关技术标准,还是从林业生产实践应用来看,低效林和退化林基本上属于同一概念,只是侧重点不同而已,低效林强调的是生产力水平,退化林主要考察林木的死亡率和森林演替进展。

本书低效林相关术语和定义引用于《低效林改造技术规程》(LY/T 1690—2017),退化林相关术语和定义引用于《退化林修复技术规程(试行)》(办生字〔2023〕80 号)。

一、低效林

指受人为或自然因素影响,林分结构和稳定性失调,林木生长发育迟滞,系统功能退化或丧失,导致森林生态功能、林产品产量或生物量显著低于同类立地条件下相同林分平均水平,不符合培育目标的林分总称。

低效林按起源可分为低效次生林和低效人工林。

二、低效林改造

为充分发挥低效林地的生产潜力,提高林分质量、稳定性和效益水平而采取的改变林分结构、调整或更替树种等营林措施的总称。

低效林改造包括封育改造、补植改造、间伐改造、调整树种改造、效应带改造、更替改造等方式。

三、退化林

指受到人为干扰或自然灾害影响,森林结构发生逆向改变,森林生态系统服务功能或生产力持续性明显下降,依靠自然力短期内难以恢复的森林。

退化林有退化乔木林、退化灌木林、退化竹林等类别。

四、退化林修复

通过采取科学的人工措施,改善退化林森林结构,提高森林质量,恢复森林功能,促进森林正向演替的活动或过程。

退化林修复包括补植补播、采伐修复、更替修复、平茬复壮等方式。

第二节 适用范围

一、为科学引导低效林改造退化林修复,提升造林绿化整体水平,根据国家、林业行业有关标准和技术规定,组织基层林业科技人员编写《低效林改造退化林修复技术手册》(以下简称《手册》)。

二、本《手册》以江苏省宿迁市为起点,辐射黄淮海平原地区和我国南方型杨树主产区的低效林改造和退化林修复。

三、本《手册》适用于黄淮海平原地区和我国南方型杨树主产区的农村绿化技术措施。

第三节　规划建设原则

低效林改造退化林修复工作要根据农村绿化的不同目的、要求，先规划设计，后建设管理。本书主创人员编制农村绿化规划与建设正负面清单（见附录四），供借鉴使用。

一、科学规划，合理布局。在规划设计上，要紧扣增汇扩绿发展导向，突出森林资源增量提质这个重点，围绕规划设计、优选树种、规范栽植三个环节。在布局上，要坚持点线面相结合（"点"主要是指湖区绿化以及重点片区的绿化，"线"主要是指道路、河道绿化，"面"主要是指村庄绿化、农田林网），着力培育大规模、大乔木、多树种、宽林带的森林生态体系，努力营造"优质高效、景观优美、树种丰富、功能强大、结构稳定"的健康森林。

二、结构优化，效益优先。依照农村区域绿化的主导功能定位，将植树造林与绿化的生态、景观、经济等价值统筹考虑，更加注重绿化、美化、文化三化结合，绿地、林地、湿地三地同建，不断优化结构配置。道路绿化以景观优美为核心，以林荫化为原则，兼顾生态效益，吸气滞尘。河道绿化以护坡固土为核心，兼顾经济效益，以林养堤。湖区绿化以水源涵养、增加绿量为核心，营建护岸林和湿地森林。农田林网以防风屏障为核心，兼顾经济效益，营造防护林。村庄绿化以经济效益为核心，兼顾景观效益，栽植"摇钱树"，切实推动我市农村绿化实现全覆盖，达到生态效益、社会效益、经济效益三效兼顾，自然美、田园美、林草美三美融合的新局面。

三、因地制宜，适地适树。根据立地条件（气候、土壤、水文、植被现状等外部环境条件)和树种特性,按照不同的绿化类型,因地制宜,优先选择"三化"树种(珍贵化、彩色化、效益化)和乡土树种,同时选择合理的林带结构,设计合适的乔灌搭配方式和栽植密度,使立地条件与树种特性相互适应。道路绿化选择抗汽车尾气、滞尘,有大块浓荫的彩色高大乔木。河道、湖区绿化选择耐水湿、根系发达,具有涵养水源、保持水土作用的树种。村庄绿化选择有花、有果、有经济价值又有观赏效果的树种。农田林网选择速生、抗性强、防护作用及经济价值较大的高大落叶乔木。

四、良种壮苗,规范栽植。在农村绿化中,必须选择良种、壮苗、全冠、大苗造林,杜绝病苗弱苗,尽量不使用大树移植,苗木规格原则上不超过8厘米(米径)。严禁古树名木用于绿化造林。要根据不同树种的生态特性,严格按照技术规范栽植,认真按照养护要点管护,以确保造林成活率和良好的生长状况。逐步形成集生态、景观、社会、经济效益于一体,体现平原林海特色的成片林景观。

五、政府引导,社会参与。以增加森林碳汇为目标,充分发挥政府在造林绿化中的决策主体、监管主体和服务主体作用,加大农村绿化工程建设和公共财政投入力度,积极对上争取项目资金和技术支持,保证造林资金得到落实。创新并完善营林机制,优化投入机制,加大PPP社会化投入,形成良性机制,引导全社会力量参与农村绿化。坚持以市场为导向,鼓励发展用材林、经济林、工业原料林、苗木林等商品林,将政府规划、市场调节和全社会参与行动结合起来,合力推进农村绿化整体水平的提升。

第四节　问题导向

一、农村绿化中栽植与管护技术水平偏低。农村绿化以秋季、初冬及春季栽植为最佳,严冬季节及夏季栽植后管理复杂,成活难以保证。绿化树木宜在秋冬落叶后至春季发芽前栽植,一般应带土移栽,保证土球大小,注重移栽树木的修剪,以减少树木栽后水分蒸腾,提高成活率。栽植后要注意保持树冠树型的塑造,促使树冠早成型,对大乔木及大灌木还要立支架固定。加强抚育管理,落实好管护制度,做到勤除草、及时修剪、排水、病虫防治等;加强宣传教育,严禁踩踏损毁或破坏绿化树木。

二、造林中纯林多,混交林少。从单一树种营林走向混交林。混交林可以形成层次多或冠层厚的林分结构,对于提高防护效能和稳定性具有重要作用。可以采用株间混交、行间混交、带状混交、块状混交等。做到国有林场工程造林混交林面积比例大于50%,绿色通道工程造林混交林面积比例大于40%,其他工程造林混交林面积比例大于30%。

三、沿河、沿湖亲水岸线采用硬质驳岸。生态驳岸是指恢复自然河岸“可渗透性”的人工驳岸。砖石立式驳岸、浆砌块石驳岸、混凝土块斜坡驳岸等传统水利工程驳岸对夏季突发洪水有重要作用,但也存在破坏河岸生物赖以生存的环境等负面影响。生态驳岸可以实现护堤、防洪的基本功能,同时具有改善滨水区景观、恢复生态平衡、调节水源、增强水体自净能力的作用。

四、道路绿化中使用干果类、水果类以及其他可食叶树种。行道树不使用银杏、核桃、板栗、石榴、柿子、香椿等采摘类树种,避免行人的采摘造成安全隐患。人为采摘也会影响树木的景观效果。

五、肉质根树种在河边、湖区长势较差。肉质根树种主要有广玉兰、银杏、玉兰、杂交马褂木等,这类树种要规避栽植在地下水位较高的区域,以防根部水渍导致肉质根树种烂根。

六、造林用苗质量偏差,小苗、弱苗使用较多。在农村绿化中,应选择全冠、大苗造林,杜绝病苗弱苗,尽量不使用大树移植。应选择高度与地径达到国标Ⅱ级以上,根系发达,在当地成活率高,有较强的适应和抵御不良环境能力的苗木。

七、杨树造林栽植过密,导致林木成为小老树,病虫害发生严重等问题。杨树林地应增大株行距,培育大径材,并适当发展林下经济,提高林地综合效益。

第二章　树种品种选择技术

第一节　树种选择的意义和原则

一、意义

低效林、退化防护林的形成有多种原因，其中树种和品种选择不当是造成造林失败，形成低效林和退化防护林的主要原因之一。

植物界的发展过程是从低级向高级，从简单到复杂，不断进化的过程。现代森林的形成和发展，经历了一个漫长的演化阶段，如今已经形成了各种类型的森林，直至现在仍为最优势、最稳定的植物群落。由于受到地理环境、温度、降水、土壤性质等各种因素的影响，不同树种在不同地域分布，这也是物竞天择、适者生存的自然选择的结果。

我国幅员辽阔，纬度跨度较大，距海远近差距不同，加之地势高低差异，地形类型及山脉走向多样，因而气温降水的组合多种多样，形成了多种多样的气候。从气候类型上看，东部属季风气候，又可分为亚热带季风气候、温带季风气候和热带季风气候；西北部属温带大陆性气候；青藏高原属高寒气候。从温度带划分看，有热带、亚热带、暖温带、中温带、寒温带和高原气候区。从干湿地区划分看，有湿润地区、半湿润地区、半干旱地区、干旱地区之分。而且同一个温度带内，可含有不同的干湿区；同一个干湿地区中又含有不同的温度带。因此在相同的气候类型中，也会有热量与干湿程度的差异。地形的复杂多样，也使气候更具复杂多样性。

在植物资源分布中,我国植被种类丰富,分布错综复杂。在东部季风区,有热带雨林、热带季雨林,中、南部有亚热带常绿阔叶林,北部有亚热带落叶阔叶与常绿阔叶混交林、温带落叶阔叶林、寒温带针叶林,以及亚高山针叶林、温带森林草原等植被类型。从用途来说,有用材树种 1 000 多种,药用植物 4 000 多种,果品植物 300 多种,成为世界上树种资源最丰富的国家之一。而不同的树种不同的品种在防护效能、经济效益和价值用途上也存在着较大的差别。

环境中的生态因子对树种的生长、发育、繁殖和分布产生直接或间接的影响,而不同树种的分布是树木经过长期的生存竞争对大自然的一种适应,是自然选择的结果。按照森林的起源划分,森林可以分为天然林和人工林,而人工林的树种选择是以天然林树种分布为基础,是对树种的优化组合后的人工造林。综上所述,气候、土壤、水分等环境因素决定了树种的自然分布,造林树种选择的正确与否,与造林是否成功有着密切的联系。

二、原则

用材林、防护林等成片造林具有生长周期长、见效慢等特点,如果树种选择不当,就会造成树木生长缓慢、难以成林成材,同时也会造成人力物力的极大浪费,挫伤群众造林的积极性。所以,造林树种选择的正确与否是造林成败的关键因素之一,必须认真对待,慎重选择。

(一)因地制宜,适地适树

适地适树是指立地条件与树种特性相互适应,是选择造林树种的一项基本原则,依据生物与其生态环境的辩证统一这一生物界的基本法则提出。造林工作的成败在很大程度上取决于这个原则的贯彻。

为了贯彻适地适树的造林原则,必须对造林地的立地条件和造林树种的生物学、生态学特性进行深入的调查研究。这一方面要求按照立地条件的异质性进行造林区划和立地条件类型的划分，另一方面要求对造林树种的生态学特性（对各种立地条件的要求）进行深入的研究。一般来说，采用乡土树种造林比较容易实现适地适树，但有时引种外来树种也能取得良好的效果。开展生产性引种前须经过周密的分析及一定时期的引种试验。

　　贯彻适地适树原则要进行定位树种试验以及对造林地（或环境条件相似的土地）的天然林和人工林进行调查，是贯彻适地适树原则的基本方法。在各种不同条件下营造各树种的试验林（即树种试验），可为适地适树提供直接的依据。但要从这类试验林中得出可靠的结论，往往需要几年以至几十年的时间。为了较快地获得这方面的资料，可利用天然林和散生树，特别是利用现有的生产性人工林进行调查研究，并应用数量化理论、多变量分析及其他数学方法深入探讨现有林中各树种的生长指标（包括其立地指数）与各立地因子之间及各因子组合之间的相互关系，建立数学模型，对各树种在各种立地条件下的生长进行预测。

　　（二）乡土树种优先，引进树种为辅

　　乡土树种是指本地区天然分布树种或者已引种多年且在当地一直表现良好的外来树种，其特点是经过了当地气候及土壤条件的长期考验，已完全与当地环境相适应，能够正常生长，并具有较强的抗性，包括对病虫害、干旱、洪涝等自然灾害的抵御能力。当地群众对其生物学特性包括繁衍、栽培、管理及开发利用等也有了一定的认识，积累了相当多的经验。我国乡土树种数量较多，资源丰富，其中许多地方保存着百年、千年以上时间的乡土树种。由于选择乡土树种造林是遵循了森林植被分布的自然规律，造林容易取得成功，造林应以乡土树种为主，适当选用少量经过试验栽培的外来树种。

　　（三）兼顾"三大效益"，突出经济效益

　　森林的三大效益包括经济效益、生态效益和社会效益三个方面。经济效益也称直接效益,即主要提供下列物质和能源的效益,如木材、能源、食物、化工原料、医药资源、物种基因资源等。生态效益是指因森林环境(生物与非生物)的调节作用而产生的有利于人类和生物种群生息、繁衍的效益,主要包括调节气候、涵蓄水源、保持水土、防风固沙、改良土壤,减少旱灾、洪灾、虫灾等自然灾害等。社会效益是指森林对人类生存、生育、居住、活动以及在人的心理、情绪、感觉、教育等方面所产生的作用,社会效益难以与生态效益截然分开。

人类对森林效益的利用有悠久的历史,但在相当长的时间内,对森林资源的开发利用仅限于对木材的简单再加工和手工业生产。随着全球对木材需求量的增加,森林的大面积采伐,导致了生态失调,水土流失,沙化面积扩大,水、旱灾时有发生以及环境污染等问题的产生。这些问题迫使人们把过去单纯采伐木材的经营方针转变为注重整体效益,实行多功能、高效益的永续利用的经营方针,以求在不破坏森林生态和社会效益的前提下,充分发挥其经济效益。

第二节 土壤调查测定与树种需求

农村绿化前应进行土壤质地的调查、测定与分析,从而确定适宜的树种品种并采取合理的造林方式。

一、土壤质地的类型

我市土壤质地大致分为壤土、砂土和黏土 3 种类型,其中壤土类分布比较散,全市均有,占比约 27.7%;砂土类主要分布在古黄河沿线,占比约 25.1%;黏土类各县(区)均有分布,占比 47.2%,尤以泗洪西南岗面积最大。另外,根据土壤相对湿度不同(土壤含水量占烘干土重的百分数），每种土壤类型又细分为干性土、中性土、湿性土，其中干性土相对含水量小于60%，中性土相对含水量为60～80%，湿性土相对含水量大于80%。

二、测定的时间及要求

由于土壤的物理性质会随着环境变化而变化，一般应在绿化规划设计前进行，如果土壤上种植作物的，应在作物收获后。土壤性质确定到苗木种植的间隔时间不宜过长，一般不超过2个月，以防土壤性质发生变化。另外，土壤测定后，无法满足苗木生长需要的，应进行土壤改良或者换土，以确保达到适宜选择树种的生长需要。

三、土壤样点的选取

土壤测定过程中，一般采取混合土样，即把一个采样区或地块多点采集的土样混合在一起。采样时应沿着一定的线路按照"随机""等量"和"多点混合"原则，采取"对角线""蛇形""棋盘形""梅花形"等方式进行。一个采样区内的采样点选取20～30个，地块小于10亩*的，10个样点即可。土样深度一般15～30厘米即可，深根性树木品种可取至50厘米深度。

四、土质测定的方法

土壤质地的测定用两种方法：一种是仪器测定法。可以委托有资质的检测部门使用仪器确定，这样测定的土壤理化性质较为准确，可以作为树种选择、施肥管理以及改良措施的重要依据；另一种是手测法，可以对土壤质地进行初步判断，作为树种选择的参考。取一小块土壤（比算盘珠略大），去除石砾、根系等杂物，放在手中捏碎，加入适量水（土壤加水充分湿润以挤出水为宜，手感为

---

* 1亩约为666.67平方米。

似粘手又不粘手），调匀，用手搓成直径约 1 厘米的团粒后，再搓成直径约 3 毫米的细长条，同时将细长条圈成环状。通过观察各个环节状况从而综合判断，其中砂土不能成细条，或能成珠但不能成条；壤土不能形成完整的条，即使成条也有裂痕或者易断裂；黏土的细条完整，成环时无裂痕。

第三节　道路绿化

一、树种选择要求

道路绿化是指在道路两旁及分隔带内栽植乔灌木等，达到生态防护、隔绝噪音、净化空气、改善环境目的的绿化形式。道路绿化的乔木树种主要选择冠幅大、枝叶茂密、抗性强、寿命长、深根性树种。冬季低温主要在 0℃ 以上的地区，可以选择常绿阔叶树种、落叶阔叶树种和常绿针叶树种；冬季低温长期在 0℃ 以下的地区，主要选择落叶阔叶树种。要尽量选择乡土树种，在保障树木稳定健康生长的同时，彰显浓郁的地方特色。

道路绿化应符合行车视线和行车净空要求，按照各级公路、铁路沿线宜林路段绿化率须达 100%，林木成活率达到 95% 以上、保存率达到 90% 以上的目标营造。以乔木为主，乔木、小乔木、灌木相结合，速生和慢生树种、常绿与落叶树种、彩叶与一般树种合理搭配，保持绿化景观长期相对稳定。同一道路绿化要确定主栽树种，塑造统一景观风格，对较长道路，可结合各路段自然环境的特点，在保持整体景观效果的前提下，形式上进行变化，积极构建景观林带、生态廊道，达到防护和美化双重效果。

道路绿化可考虑林地的合理利用，因林制宜进行林农复合经营，提高林地的综合效益。复合经营模式应以种植模式为主，根据套种植物的生长特性,适当加大株行距,达到以耕代抚、以短养长,促进林木生长的目的。

道路绿化根据不同道路等级分为高速公路宽幅林带、铁路宽幅林带、普通国省道宽幅林带、县乡道路绿化、村级道路绿化等模式。

(一)高速公路绿化树种选择。高速公路在进行绿化树种规划时,应本着因地制宜、适地适树的原则,结合当地的乡土绿化树种及生长表现好的园林绿化植物材料,并考虑到高速公路绿化美化的自身特点进行精心筛选,具体可参考表 2-1。树种规范名称见第六章适生树种名录。

表 2-1　高速公路不同土壤类型的树种选择

立地条件	土壤湿度	树种选择	
		正面清单	负面清单
壤土	干性土	泡桐、朴树、杂交马褂木、栾树、麻栎、栓皮栎、北美红栎	水果类树种,杨树雌株、柳树雌株、女贞等
	中性土	榉树、重阳木、黄连木、厚朴、枫香、七叶树、无患子、白蜡树	
	湿性土	枫杨、落羽杉、水杉、杨树雄株、乌桕、池杉	
黏土	干性土	栾树、黄连木、麻栎、栓皮栎、青冈栎	水果类树种,杨树雌株、柳树雌株、女贞等
	中性土	榉树、杂交马褂木、皂荚、喜树、杜仲、无患子	
	湿性土	落羽杉、乌桕、楝树、重阳木、水杉、池杉、枫杨	
砂土	干性土	榔榆、国槐、梧桐、栓皮栎、栾树、臭椿	水果类树种,杨树雌株、柳树雌株、女贞等
	中性土	色木槭、七叶树、枫香、朴树、厚朴、杜仲、楝树	
	湿性土	落羽杉、杨树雄株、榆树、水杉、枫杨	

(二)铁路绿化树种选择。铁路绿化是国土绿化的重要组成部分,主要针对铁路两侧路堤、路堑的坡面和路基外侧平坦地段以及

各车站站场部分实施绿化美化，树种选择要根据不同地段、不同地形、不同土壤及林木的不同特性等进行，在具体工作中可参考表2-2。

表2-2　铁路不同土壤类型树种选择

立地条件	土壤湿度	树种选择	
		正面清单	负面清单
壤土	干性土	麻栎、栾树、梧桐、杂交马褂木、刺槐、栓皮栎	水果类树种、杨树雌株、柳树雌株、女贞等
壤土	中性土	榉树、枫香、重阳木、国槐、朴树、无患子	水果类树种、杨树雌株、柳树雌株、女贞等
壤土	湿性土	落羽杉、水杉、池杉、枫杨、榆树、乌桕	水果类树种、杨树雌株、柳树雌株、女贞等
黏土	干性土	麻栎、栾树、朴树、黄连木、君迁子、青冈栎	水果类树种、杨树雌株、柳树雌株、女贞等
黏土	中性土	榉树、枫香、皂荚、黄连木、杜仲、无患子	水果类树种、杨树雌株、柳树雌株、女贞等
黏土	湿性土	落羽杉、乌桕、楝树、榆树、水杉、池杉	水果类树种、杨树雌株、柳树雌株、女贞等
砂土	干性土	栾树、榔榆、国槐、麻栎、梧桐、北美红栎	水果类树种、杨树雌株、柳树雌株、女贞等
砂土	中性土	朴树、榉树、皂荚、七叶树、黄连木、枫香、臭椿	水果类树种、杨树雌株、柳树雌株、女贞等
砂土	湿性土	落羽杉、柳树雄株、乌桕、枫杨、水杉、池杉	水果类树种、杨树雌株、柳树雌株、女贞等

（三）普通国省道绿化树种选择。 普通国省道绿化是我国绿色通道的重要组成部分，绿化树种的选择要因地制宜，根据道路两侧土壤的性质选择合适的树种，在具体工作中可参考表2-3。

表2-3　普通国省道不同壤土类型具体树种选择

立地条件	土壤湿度	树种选择	
		正面清单	负面清单
壤土	干性土	皂荚、黄连木、麻栎、栓皮栎、泡桐、青冈栎、梧桐、杂交马褂木	水果类树种、杨树雌株、柳树雌株、女贞等
壤土	中性土	国槐、皂荚、榉树、朴树、榔榆、厚朴、无患子、色木槭	水果类树种、杨树雌株、柳树雌株、女贞等
壤土	湿性土	乌桕、楝树、榆树、落羽杉、水杉、池杉	水果类树种、杨树雌株、柳树雌株、女贞等

续表

立地条件	土壤湿度	树种选择	
		正面清单	负面清单
黏土	干性土	枫香、臭椿、楝树、君迁子、合欢、皂荚、黄连木	水果类树种，杨树雌株、柳树雌株、女贞等
	中性土	榉树、朴树、喜树、麻栎、杜仲、无患子、椰榆	
	湿性土	乌桕、落羽杉、榆树、楝树、枫杨、水杉	
砂土	干性土	栾树、杂交马褂木、梧桐、皂荚、麻栎、栓皮栎、青冈栎	水果类树种，杨树雌株、柳树雌株、女贞等
	中性土	朴树、国槐、黄连木、七叶树、无患子、椰榆	
	湿性土	枫杨、乌桕、杨树雄株、落羽杉、水杉、池杉	

（四）县乡道路绿化树种选择。县乡道路是县域内县乡之间的主要交通道路，树种选择应结合道路两侧不同地段不同土壤类型选择适宜的绿化树种，在具体工作中可参考表 2-4。

表 2-4　县乡道路不同土壤类型树种选择

立地条件	土壤湿度	树种选择	
		正面清单	负面清单
壤土	干性土	栾树、榉树、楝树、刺槐、麻栎、栓皮栎、青冈栎	水果类树种，杨树雌株、柳树雌株、女贞等
	中性土	朴树、鸡爪槭、七叶树、枫香、重阳木、黄连木、厚朴	
	湿性土	杨树雄株、榆树、乌桕、棠梨、落羽杉、悬铃木、枫杨、水杉、池杉	
黏土	干性土	栾树、刺槐、麻栎、栓皮栎、朴树、杂交马褂木、合欢	水果类树种，杨树雌株、柳树雌株、女贞等
	中性土	榉树、无患子、黄连木、喜树、楝树、厚朴、杜仲	
	湿性土	落羽杉、水杉、池杉、杨树雄株、枫杨、榆树、悬铃木	

立地条件	土壤湿度	树种选择	
		正面清单	负面清单
砂土	干性土	刺槐、臭椿、榔榆、杂交马褂木、黄连木、麻栎、泡桐、北美红栎	水果类树种，杨树雌株、柳树雌株、女贞等
	中性土	国槐、榉树、皂荚、朴树、杜仲、栓皮栎、无患子、厚朴、合欢	
	湿性土	杨树雄株、悬铃木、落羽杉、水杉、池杉、枫杨、色木槭	

（五）村道路绿化树种选择。村级道路两侧一般都为农田，树种选择以乡土树种为主，同时结合道路两侧不同土壤类型选择适宜的绿化树种，在具体工作中可参考表 2-5。

表 2-5　村级道路不同土壤类型树种选择

立地条件	土壤湿度	树种选择	
		正面清单	负面清单
壤土	干性土	刺槐、泡桐、杂交马褂木、麻栎、栾树、梧桐、紫玉兰、青冈栎、木瓜	水果类树种，杨树雌株、柳树雌株、女贞等
	中性土	榉树、枫香、色木槭、栾树、栓皮栎、悬铃木、楝树、厚朴、君迁子	
	湿性土	乌桕、落羽杉、水杉、池杉、枫杨、榆树、杨树雄株、丝棉木、棠梨	
黏土	干性土	皂荚、刺槐、朴树、合欢、君迁子、黄连木、臭椿	水果类树种，杨树雌株、柳树雌株、女贞等
	中性土	国槐、臭椿、栓皮栎、色木槭、无患子、喜树、朴树	
	湿性土	落羽杉、楝树、丝棉木、棠梨、乌桕、水杉、榆树	

立地条件	土壤湿度	树种选择	
		正面清单	负面清单
砂土	干性土	榉树、楝树、合欢、元宝枫、无患子、黄连木、青冈栎、泡桐、杂交马褂木	水果类树种,杨树雌株、柳树雌株、女贞等
	中性土	臭椿、国槐、杜仲、七叶树、栓皮栎、栾树、悬铃木、喜树、梧桐、皂荚	
	湿性土	杨树雄株、落羽杉、枫杨、水杉、池杉、色木槭、榆树	

第四节　河道绿化

河道绿化主要是营造水土保持林,其作用是减少、阻拦和吸收地表径流,涵蓄水分,固定土壤使其免受各种侵蚀,造林主要选择根系发达、树冠浓密、生长迅速的阔叶树种。若营造用材林,树种要满足速生、丰产、优质三个条件,在具体工作中还要根据河堤不同土壤类型选择适合的树种,可参考表2-6。

表2-6　河道绿化不同土壤类型树种选择

土壤质地	土壤湿度	树种选择	
		正面清单	负面清单
壤土	干性土	刺槐、泡桐、国槐、榆树、合欢、皂荚、杂交马褂木、北美红栎	女贞等常绿树种,梨、桃等水果树种,已嫁接的干果树种,湿性土禁用泡桐、银杏(嫁接苗)等肉质根类树种。杨树雌株、柳树雌株
	中性土	杨树雄株、朴树、榉树、臭椿、榆树	
	湿性土	落羽杉、水杉、池杉、中山杉、柳树雄株、枫杨、乌桕	

续表

土壤质地	土壤湿度	树种选择	
		正面清单	负面清单
黏土	干性土	刺槐、杂交马褂木、榉树、国槐、栾树、枫香、臭椿	女贞等常绿树种,梨、桃等水果树种,已嫁接的干果树种,湿性土禁用泡桐、银杏(嫁接苗)等肉质根类树种。杨树雌株、柳树雌株
	中性土	杨树雄株、柳树雄株、榆树、乌桕、楝树、喜树、皂荚、朴树	
	湿性土	杨树雄株、柳树雄株、落羽杉、水杉、池杉、中山杉、重阳木、楝树、乌桕、榔榆	
砂土	干性土	榉树、刺槐、杂交马褂木、国槐、枫香、梧桐、栾树	女贞等常绿树种,梨、桃等水果树种,已嫁接的干果树种,湿性土禁用泡桐、银杏(嫁接苗)等肉质根类树种。杨树雌株、柳树雌株
	中性土	杨树雄株、柳树雄株、臭椿、楝树、榔榆、合欢、皂荚	
	湿性土	杨树雄株、柳树雄株、水杉、池杉、落羽杉、中山杉、枫杨、乌桕、楝树	

通航河道绿色通道树种可选择刺槐、泡桐、国槐、榆树、合欢、皂荚、杂交马褂木、北美红栎、朴树、榉树、杨树雄株、枫香、臭椿、榆树、落羽杉、水杉、池杉、中山杉、柳树雄株、枫杨、乌桕、白蜡树、栾树、楝树、喜树、重阳木。

一般性河道绿化树种可选择刺槐、泡桐、国槐、榆树、合欢、皂荚、杨树雄株、枫香、臭椿、榆树、落羽杉、水杉、池杉、中山杉、柳树雄株、枫杨、乌桕、白蜡树、栾树、楝树、喜树、重阳木。

第五节 湖区绿化

湖区绿化树种选择可参照河道绿化树种选择要求,根据立地条件,地下水位高的区域选择耐水湿的喜水树种,地下水位低的区域可选择不耐水渍的喜水树种。不同立地条件类型的树种选择见表 2-7。

表 2-7 湖区绿化树种选择

区位	树种选择	
	正面清单	负面清单
地下水位高的区域	落羽杉、水杉、池杉、中山杉、榉树、枫杨、乌桕、杨树雄株、柳树雄株、紫薇、海棠、紫荆、臭椿、重阳木、楝树、丝棉木、喜树、迎春、杞柳、海桐、黄杨、连翘	水果和干果树种(招鸟用途除外),地下水位高的区域慎用肉质根类树种,如泡桐、银杏(嫁接苗)、香樟、桂花等
地下水位低的区域	水杉、乌桕、枫杨、榆树、合欢、栾树、紫薇、海棠、紫荆、泡桐、重阳木、无患子、喜树、白蜡树、紫叶李、木槿、迎春、杞柳、海桐、黄杨	

第六节 农田林网

农田林网是农田生态系统的绿色屏障。按网格闭合面积大小分为 3 级:Ⅰ级林网 200 亩以下,Ⅱ级林网 201~300 亩,Ⅲ级林网 301~400 亩。超过 400 亩的未实现林网化。

一、树种选择要求

农田防护林的主栽树种主要选择抗风能力强、不易倒伏、生长迅速、树形高大、寿命较长的窄冠型乔木树种,根系不伸展过远或具有深根性,并具有较高的经济价值,在具体工作中可参考表2-8。

表 2-8　农田林网不同土壤类型树种选择

立地条件	土壤湿度	树种选择	
		正面清单	负面清单
壤土	干性土	泡桐、杨树雄株、刺槐、楝树、梧桐、朴树、栾树	经济林果(水果、干果类树种),杨树雌株,香樟、女贞等常绿乔木
	中性土	杨树雄株、水杉、泡桐、榉树、杂交马褂木、楝树、榆树、朴树、臭椿	
	湿性土	落羽杉、水杉、池杉、榉树、杨树雄株、榆树、榔榆、枫杨	
黏土	干性土	朴树、刺槐、杨树雄株、梧桐、麻栎、黄连木	经济林果(水果、干果类树种),杨树雌株,香樟、女贞等常绿乔木
	中性土	榉树、杨树雄株、水杉、楝树、榆树、榔榆、朴树、臭椿	
	湿性土	落羽杉、水杉、池杉、榉树、榆树、榔榆、枫杨	
砂土	干性土	泡桐、杨树雄株、白蜡树、朴树、梧桐、栾树	经济林果(水果、干果类树种),杨树雌株,柳树雌株,香樟、石楠等常绿乔木
	中性土	杨树雄株、水杉、泡桐、榉树、白蜡树、朴树、榆树、楝树、梧桐、臭椿、杜仲	
	湿性土	落羽杉、水杉、池杉、杨树雄株、榉树、榆树、杜仲	

(一)主林带要与主要风害方向垂直

主林带是指林带中起防风作用的林带,通常由2行以上乔木组成,宜按三角形方式种植。林带之间的距离一般为200～300米。树种选择以杨树雄株、泡桐(不耐水湿)等速生用材树种以及榉树、栾树、榆树、朴树、楝树等落叶树种为主。

（二）副林带要垂直于主林带

副林带垂直于主林带或连接相邻的两条林带,通常由 2 行乔木组成。考虑到副林带一般是生产路,要选择落叶阔叶乔木,达到浓荫效果。两个林带之间的距离一般为 500～600 米。只能单行栽植时以水杉、池杉等窄冠型落叶树种为主。

（三）林网栽植原则

林网的主林带以大乔木为主体,搭配小乔木或灌木;副林带以小乔木为主,可以搭配灌木。在混交林带的配置中,可以利用"边行优势"将生长相对缓慢的树种置于边行,生长相对迅速的树种配置内行。贴近农田而胁地的,宜选择根深(侧根少)、冠窄、胁地轻的树种(品种),沿公路配置的林带优先选择寿命较长、高大美观、夏季浓荫的落叶阔叶乔木树种。

第七节 村庄绿化

一、建设范围

（一）公共绿地(农村公园)

利用村庄现有的树林、空地,修建成公共绿地。以珍贵、彩色树种为主体,乔灌花草相结合,可选择藤本进行棚架式绿化,营造休闲氛围。树种配置以丛植、群植为主,先从整体考虑,确定乔木树种、数量和分布位置,再由高到低,分层配置灌木、藤本、地被植物和花草,高大乔木占比应达到 30% 以上,提供林荫环境。树种选择以银杏、榉树、杂交马褂木、紫藤等观赏树种和乡土树种为主,突出观赏价值和美化效果。适量配置常绿小乔木,增加冬绿景观。配备休息座椅、步道、草坪等设施和空间,增加休闲功能。

（二）行道树

村庄绿化中的行道树树种可参考表 2-5。

（三）围庄林

在保护现有林地的前提下，进行新建和改造提升，提倡营造 4~8 行林带，宽度不低于 15 米，能宽则宽。根据各村土地情况，因地制宜规模发展，与速生丰产林、珍贵用材树种有机结合。树种选择以干形高大、生长速度快的高大乔木树种为主，如杨树雄株、泡桐、水杉等，形成有较大绿量的防护林带和生态绿道。林带边缘可增植花灌木，与入村道路衔接，提高景观效果。林地间种经济作物，以短养长，提高综合效益。

（四）庭院绿化

结合村庄整体规划和庭院条件情况采取多种绿化形式，如以经济果木为主的经济型庭院、以观赏性强的花灌木为主的观赏型庭院等。庭院外通常以薄壳山核桃、银杏、板栗、大枣等木本粮油树种为主，发展柿树、花椒等果用（叶用）林，搭配樱花、海棠等花木。庭院内可栽植石榴、葡萄等果树，间植桂花、红枫等花木。建筑外墙、院墙、院门等位置可栽植藤本月季、金银花、络石等攀援植物，增加绿化美化效果。建筑南面应能保证建筑的通风采光的要求，建筑北面应布置防护性绿带，建筑的西面、东面应充分考虑夏季防晒和冬季防风的要求。

二、建设类型

（一）经济林果型

以经济林果中的某一树种或几个主体树种为特色，或由果园演化而来的村庄绿化类型，树种选择参考表 2-9。

表 2-9　经济林果型村庄树种模式

序号	类型	主体树种	特点	注意事项
1	单一果园型	银杏（实生）、桃（油桃）、梨、石榴、板栗、樱桃等	银杏村、石榴村、桃园、樱桃园等	梨树回避蜀桧
2	综合果园型	桃—李、银杏（实生）—杏—柿、银杏（实生）—石榴、板栗—樱桃、枣—枇杷等	桃李村、果园村、林果村等	李树回避杏树
3	灌木林型	蚕桑、葡萄、紫穗槐、刺梨、杞柳、苗木（灌木）等	蚕桑专业村、花卉苗木专业村等	蚕桑回避水果

（二）田园风光型

以田野风情、农村习俗、农耕形态为特色,注重保护其所依托的自然生态环境,敬畏祖先、尊重历史、留住乡愁,树种选择参考表2-10。

表 2-10　田园风光型村庄树种模式

序号	类型	主体树种	特点	注意事项
1	自然风光类	乡土树种、珍贵树种所占比重不得低于40%,有条件的村民种植庭院经济树木	森林植被、河流水体保护较好,总体生态环境优良	在维护好村庄自然环境的基础上,见缝插绿,合理建设公共休闲绿地,采用自然式植物配置,突出自然乡土野趣
2	休闲旅游类	以"彩色化、珍贵化、效益化"树种为主,观花、观叶、观果植物有机结合	环境相对优越,旅游吸引力较强,有条件开展民俗旅游、农耕文化体验等休闲旅游项目	注重公共休闲绿地的建设,对道路、河流、房前屋后进行全面绿化整治,绿化美化整体品味要求较高

（三）生态文化型

有历史文化背景和历史遗存及建筑特色,以及临近重要生态区位的村庄,应注重对具有地方特色的树种尤其是古树名木的保护,围绕历史文化特色开展绿化工作,树种选择参考表2-11。

表 2-11　生态文化型村庄树种模式

序号	类型	主体树种	特点	注意事项
1	古村落型	以名胜古迹附近的大树、古树、常绿树为特点	临近名胜古迹	减少速生用材树种
2	森林人家型	沭阳颜集板栗、泗阳李口银杏、宿豫顺河梨园等区域村庄,有主体树种特色	拥有古树名木	展示树木景观,发展苗木产业
3	生态保护型	在生态红线以内或临近生态保护区,以沿河、沿湖生态保护为特色,栽植喜水、耐水湿树种	临近湖泊和重要河流	不选择怕渍、不耐水湿的树种

三、树种选择

村庄绿化建设中要根据不同发展类型,因地制宜地选择合适的树种进行绿化造林,具体情况见表2-12。要严格控制大树移植,苗木米径不超过8厘米,农村公园等节点造景确属必要的,苗木米径不超过16厘米,须为全冠苗,杜绝栽植古树。在具体建设中,按照适地适树原则,根据立地类型(土壤质地)和土壤含水量等选择树种进行造林,具体情况见表2-13。

表 2-12　村庄绿化树种选择

类别	树种选择	
	正面清单	负面清单
干果树种	薄壳山核桃、板栗、银杏(实生)、枣	核桃、山核桃
水果树种	桃(油桃)、梨、杏、李、柿、枇杷、猕猴桃、樱桃、石榴、木瓜、无花果	柑橘、苹果

续表

类别		树种选择	
		正面清单	负面清单
特用树种		花椒、胡椒、香椿、杜仲	异味树种
彩色树种	花	桂花、梅花、樱花、海棠、合欢、紫薇、紫藤、玉兰、丁香、紫荆、榆叶梅、木芙蓉、结香、木槿	
	果	火棘、南天竹	
	叶	枫香、红枫、红叶石楠、紫叶李、黄栌、红花檵木、黄连木、杂交马褂木	慎用刺叶树种(品种)
乡土树种		榉树、皂荚、枫杨、朴树、梧桐、龙柏、落羽杉、水杉、池杉、竹(刚竹、淡竹)	
常绿景观树种		青冈栎、广玉兰、冬青、海桐、黄杨、珊瑚树、竹(刚竹、淡竹)	
经济(产业)树种		蚕桑、葡萄、紫穗槐、杞柳	
速生树种		杂交马褂木、水杉、杨树雄株、泡桐、柳树雄株	杨树雌株、柳树雌株

表 2-13　村庄绿化不同土壤类型树种选择

立地类型	土壤湿度	选择树种
壤土	干性土	银杏(实生)、板栗、梧桐、广玉兰、枫香、栾树、泡桐、枣、柿树、枇杷、石榴、桃、杏、梨、木瓜、紫薇、火棘、南天竹、樱花、榆叶梅、丁香、紫荆、海棠、紫叶李、结香、红叶石楠、黄杨、红花檵木、龙柏、蚕桑、紫穗槐、刚竹、淡竹
	中性土	薄壳山核桃、榉树、银杏(实生)、香椿、朴树、枫香、合欢、板栗、梧桐、栾树、黄栌、杜仲、水杉、杂交马褂木、泡桐、杨树雄株、柳树雄株、枣、柿、枇杷、葡萄、桃、杏、李、石榴、木瓜、樱桃、猕猴桃、无花果、花椒、胡椒、紫薇、红枫、火棘、南天竹、樱花、榆叶梅、珊瑚树、海桐、紫叶李、丁香、紫荆、海棠、结香、红叶石楠、黄杨、木芙蓉、红花檵木、冬青、蚕桑、紫穗槐、刚竹、淡竹
	湿性土	薄壳山核桃、香椿、朴树、榉树、落羽杉、水杉、池杉、柳树雄株、海桐、紫穗槐、蚕桑、杞柳

续表

立地类型	土壤湿度	选择树种
黏土	干性土	银杏(实生)、板栗、皂荚、杜仲、合欢、栾树、黄连木、青冈栎、枣、石榴、杏、木瓜、李、紫薇、花椒、火棘、木槿、榆叶梅、紫荆、海棠、红叶石楠、黄杨、红花檵木、龙柏、蚕桑、紫穗槐
	中性土	银杏(实生)、榉树、薄壳山核桃、板栗、杜仲、香椿、皂荚、合欢、朴树、水杉、黄连木、栾树、枫香、枣、石榴、樱桃、杏、木瓜、李、花椒、紫薇、樱花、桂花、海棠、榆叶梅、木槿、火棘、紫荆、红叶石楠、黄杨、红花檵木、蚕桑、紫穗槐
	湿性土	薄壳山核桃、榉树、朴树、落羽杉、水杉、池杉、柳树雄株、蚕桑、紫穗槐
砂土	干性土	银杏(实生)、板栗、皂荚、枫香、栾树、合欢、黄连木、泡桐、枣、柿、枇杷、石榴、樱桃、杏、梨、木瓜、无花果、木瓜、花椒、桂花、海棠、榆叶梅、火棘、丁香、樱花、木槿、红叶石楠、黄杨、红花檵木、龙柏、紫穗槐、蚕桑
	中性土	薄壳山核桃、榉树、银杏(实生)、香椿、板栗、皂荚、杜仲、朴树、合欢、枫香、梧桐、栾树、水杉、广玉兰、杂交马褂木、泡桐、杨树雄株、柿、枣、枇杷、石榴、木瓜、杏、梨、樱桃、无花果、猕猴桃、木瓜、花椒、海棠、紫叶李、桂花、木槿、榆叶梅、火棘、樱花、丁香、红叶石楠、黄杨、红花檵木、紫穗槐、蚕桑
	湿性土	薄壳山核桃、榉树、朴树、香椿、落羽杉、水杉、池杉、枫杨、柳树雄株、紫穗槐、蚕桑、杞柳

第三章　低效林改造技术

第一节　低效林改造理论与类型

低效林是指受人为或自然因素影响,林分结构和稳定性失调,林木生长发育迟滞,系统功能退化或丧失,导致森林生态功能、林产品产量或生物量显著低于同类立地条件下相同林分平均水平,不符合培育目标的林分总称。低效林按起源可分为低效次生林和低效人工林。

一、低效林改造理论

(一)近自然林业经营理论

从 17 世纪资本主义兴起开始,森林经营经历了长达 200 多年的森林高度商品化利用阶段,其结果是导致了木材资源的危机,同时,也带来了严重的生态问题。以 18 世纪的哈尔蒂希和 19 世纪初的洪德斯哈根为代表,他们分别提出以持续获得木材为目的的木材培育论和法正林学说,试图实现木材生产的可持续经营。然而,这些理论不仅没能解决木材生产可持续经营的问题,更不能解决木材过度利用的生态后果。

1898 年德国科学家嘎耶(Gayer)率先提出了"人类应尽可能地按照森林的自然规律来从事林业生产活动"的近自然林业经营思想,强调尊重森林生态系统自身的规律实现生产可持续和生态可持续的有机结合。19 世纪末,除德国南部外,还有瑞士、奥地利开始用嘎耶的近自然林业理论进行实验。1900 年以后,瑞士在苏黎世造林学教授埃恩勒尔(Anord Engler)的影响下已普遍向近自然林业转变。奥地利的维也纳森林也是近自然林业的典型。

"近自然林业"经营理念直到 20 世纪中后期才真正得到推广并得以广泛实践。1949 年,德国成立了适应自然林业协会,系统地提出了"以适树、混交、异龄、择伐"等为特征的近自然森林经营的具体理论。目前欧盟各国普遍采用了近自然林业经营的方法,在现阶段和今后相当长的时期近自然林业理论将是推动森林可持续经营的主导理论。

1. 近自然林业的内涵

近自然林业是模仿自然、接近自然的一种森林经营模式。接近自然是指在经营目的类型计划中使地区群落主要的本源树种得到明显表现。它并不是回归到天然的森林类型,而是尽可能使林分建立、抚育、采伐的方式同"潜在的自然植被"的关系相接近。要使林分能进行接近生态的自发生产,达到森林生物群落的动态平衡,并在人工辅助下使天然物质得到复苏。近自然林业理论基于利用森林的自然动力,也就是生态机制。其操作原则是尽量不违背自然的发展。近自然林业理论阐述了这样一个道理:林分越是接近自然,各树种间的关系就越和谐,与立地就越适应,产量也就越大。

近自然林业阐明了这样一个基本思想:人工营造森林和经营森林必须遵循与立地相适应的自然选择下的森林林分结构。林分结构越接近自然就越稳定,森林就越健康、越安全。只有保证了森林自身的健康和安全,森林才能得到持续经营,其综合效益才能得到持续最大化的发挥。因此,不论是哪种形式的森林,包括天然林、天然次生林、人工林,其经营形式必须遵照生态学的原理来恢复和管理。只有保证其树种结构和树龄结构合理时,森林才能稳定和持续地发展。也只有如此,人类才能获得有限的经济目标和保护目标。

近自然林业的特征：非皆伐作业，实行单株采伐利用，林地无间断地在林冠覆盖下，土壤不裸露，保护林地土壤，保护生物多样性；选择符合立地要求的乡土树种定向培育，复层混交异龄，森林发育无始无终，保持不确定的年龄状态，蓄积量水平是波动的，间伐与采伐不截然区分，评价林分的适宜变量是定期生长量；林内可同时实施多种育林措施，改善森林空间结构，使育林措施对森林系统的干扰达到最小；林分的蓄积量维持在一个稳定的水平基础上，目标直径利用确保森林的生产功能，即允许收获一定数量的木材；强调充分利用自然力进行自然更新，但并不排除人工更新。

瑞士的 Peter Bachmann 总结了大量例子，对近自然经营法与同龄林人工林经营法的各项指标做了对比分析，结果如表 3-1 所示。

表 3-1　近自然森林经营体系与同龄林人工林经营体系
的主要经营指标比较分析

指标	近自然森林经营	同龄林人工林经营
风险性	低	高
病虫害情况	不多	很多
造林成本	很低	高
抚育成本	很低	高
收获成本	高	较低
道路密度	高	较低
机械化可能	较低	高
总生产力	高	较低
商品用材生产力	相近	相近
木材质量	相近	相近
经济效果	较高	较低

2. 适合近自然林业经营的条件

环境条件：风景林区或人口集中的城镇村庄、公园等闲娱乐场所；天然林保护区范围内，或自然保留地、生态环境脆弱的地区和需要进行生态治理的区域；大面积同龄纯林区，或整个环境结构需要改变的地方；在森林改造区不需要用皆伐人工更新的地方；陡峭山坡、石质山坡及沙地等易引起水土流失或易变为流沙为害的地方。

林分条件：天然更新能力强的树种，如落叶松、栎树等森林；一些早期耐荫树种，如冷杉、云杉、红松、栎类、常绿阔叶树等林分；适合择伐天然更新的针阔混交林、常绿阔叶林、落叶阔叶林、常绿落叶阔叶混交林。需择伐经营的人工防护林；需要转变为混交异龄林的同龄人工纯林。

3. 近自然林业经营措施

天然林或近天然林在经营时，采用单株采伐的方式来解决混交林中林木不同成熟时间点问题。采伐时要做到采伐量与生长量相平衡，使林分的蓄积量维持在一个稳定的水平；抚育时注意每株林木的生长空间调整，对选定的培育木进行质量抚育，采伐大径材，不断优化径级组成。

在经营退化的天然林时，应首先保护具有生产潜力的自然森林群落，调节可能影响森林发展的植物种群密度，促进混交树种、珍贵树种和受损害的树种不断天然更新和发展；在较长的期限内逐渐剔除不适宜的树种，补植已经失去的乡土树种，或比较适宜的混交树种；采取保护性的木材利用方式，避免对林地和林分造成伤害；采伐剩余物留在林中。

在经营人工用材林时，应通过抚育间伐和结构调整将其转变成多层异龄混交的近天然林，然后采伐利用。通过间伐减少小径材，扩大直径分布范围，改善林分结构；在各龄级的林分中同时采伐，实行全林分的择伐利用，调节林分的密度，以促进平均木和小径材经过培育达到主伐时的径级要求。

（二）森林健康经营理论

在 20 世纪六七十年代，森林植物病虫害防治的指导思想是预防为主，综合防治。70 年代末至 80 年代初，对森林植物病虫害的综合防治又提出了新的概念，即"森林病虫害的综合治理（Integrated Pest Management）"。它以生态学和经济学为基础，认为在自然生态系统中，有害生物也是其中组成成分之一，它们同其他生物在统一的环境中既互相依存又互相抑制，处在一个相对稳定的平衡状态。病虫害在这样的系统中，不会自行消灭，也不会造成明显的经济损失，只有当这个自然生态系统受到破坏和改变，原有的各种生物及环境之间的关系失去平衡，病虫害才可能猖獗流行，对森林资源造成重大破坏。森林病虫害的综合治理就是有机地配合运用各种手段，对生态系中的各种物理环境（温度、湿度、光照、风、土壤等）、生物（包括微生物）区系、寄主的抗病性以及病原物的生存和繁殖等进行适当的控制和调节，形成一个相对平衡的生态系统，使病虫害的数量及其造成的损失控制在经济允许水平之下。90 年代伊始，美国在"森林病虫害的综合治理"的基础上，进一步提出了森林健康的思想，将森林病虫火等灾害的防治思想上升到森林保健的高度，更加从根本上体现了生态学的思想。

1. 森林健康的内涵

森林健康就是建立和发展健康的森林。"一个理想的健康森林应该是在这样的森林中，生物因素和非生物因素（如病虫害、空气污染、营林措施、木材采伐等）对森林的影响不会威胁到现在或将来森林资源经营的目标。"这里的森林资源管理的目标不仅仅指的是商业产品，还应包括森林的多种用途和价值，包括森林游憩、野生动物保护、木材资源、放牧和水源涵养等。在健康森林中并非就一定没有病虫害、没有枯立木、没有濒死木，而是它们一般均在一个较低的水平上存在，它们对于维护健康森林中的生物链和生物的多样性、保持森林结构的稳定是有益的。人类对森林的影响往往是不可避免的,然而一个健康的森林对于人类的有限活动的影响,应该是能够承受或可自然恢复的。

森林健康的实质就是要使森林具有较好的自我调节并保持其系统稳定性的能力,从而使其最大、最充分地持续发挥其经济、生态和社会效益的作用。

森林健康的特征:以人为本,最大限度地满足人类不断增长的物质产品和生态文化产品需求;生态系统具有较高的稳定性和丰富的生物多样性;生态服务功能最优化、最大化;较高的生态安全性;受到多种干扰后的可恢复性;较高的生物产量;较高的循环经济价值。

2. 森林健康的重要性及影响因素

实现森林最佳的服务功能,通过对森林的科学营造和经营,按照自然的进程维护森林生态系统的稳定性、生物的多样性,增强调节能力,减少因火灾、森林病虫害及环境污染、人为过度采伐利用和自然灾害等因素引起的损失,使可持续的生态系统得到适时更新,从破坏中恢复和保持生态系统的平衡,满足多目标、多价值、多用途、多产品和多服务水平的需要。

影响森林健康的因素非常多,森林健康和森林受害的关系非常复杂。森林灾害类型很多,肉眼可见的急性灾害有火灾、病害、虫害、鼠害、旱灾、风灾、生物入侵灾害等,难以肉眼观测的慢性受害有水分亏缺、土壤污染、土壤酸化、营养不足等。

造成森林灾害的胁迫因素有很多,概括起来可分为系统结构胁迫(不合理的树种组成、密度、经营等)、有害生物胁迫(病菌、害虫、害鼠、动物、入侵生物等)、土壤养分胁迫(土壤贫瘠、营养失衡、个体竞争等)、土壤水分胁迫(土壤干旱、生理干旱等)、气象胁迫(干旱、火灾、高温、低温、风、雹、冻雨、渍涝等)、污染胁迫(空气污染、土壤污染、土壤酸化、臭氧危害等)等。很多胁迫因素或是森林生态系统的组成部分,或是森林生态过程的驱动因素,相互之间关系复杂。

3. 森林健康经营措施

制定森林经营规划,把健康的理念贯穿于森林生态系统经营的全过程;森林火险管理,包括可燃物处理、火险分级、杜绝野火、控制性火烧等;森林病虫害的生态防控,包括森林经营方案调整、环境政策、生物防治、必要的化学防治、森林保护技术等;森林健康系统监测与评价,在全国建立森林健康监测计划,提交年度监测报告,为国家制订政策提供森林状况和变化趋势的信息资料;人工促进的生态系统自然修复方法,天然林以自然修复为主,人工林开展近自然经营;注重森林游憩功能、公众参与和环保意识的宣传教育。

二、低效林的类型及判定标准

(一)轻度退化次生林

受到人为或自然干扰,林相不良,生产潜力未得到优化发挥,生长和效益达不到要求,但处于进展演替阶段,实生林木为主,土壤侵蚀较轻,具备优良林木种质资源的次生林。

评判标准

具备以下所有条件的次生林:

1. 主要由实生乔木组成,林分生长量或生物量较同类立地条件的平均水平低 30%～50%;

2. 目的树种占林分树种组成比例的 40% 以下,生长发育受到抑制;

3. 天然更新的优良林木个体数量 <40 株/hm^2。

4. 土壤肥力和生态服务功能基本正常。

(二)重度退化次生林

由于不合理利用,保留的种质资源品质低劣(常多代萌生或成为疏林),处于逆向演替阶段,结构失调,土壤侵蚀严重,经济价值及生态功能低下的次生林。

评判标准

具备以下所有条件的次生林：

1. 林木 90% 为多代萌生，林相残败，结构失调；

2. 缺乏有效的进展演替树种，天然更新不良，具有自然繁育能力的优良林木个体数量<30 株/hm²；

3. 林木生长缓慢或停滞，树高、蓄积生长量较同类立地条件林分的平均水平低 50% 以上。

4. 土壤肥力和水土保持功能明显下降。

（三）经营不当人工林

由于树种或种源选择不当，未能做到适地适树或其他经营管理措施不当，造成林木生长衰退，地力退化，功能与效益低下，无培育前途，生态效益或生物量（林产品产量）显著低于同类立地条件经营水平的人工林。

评判标准

1. 以物质产品为主要经营目的的人工林，具备以下条件之一的：

①生长缺乏活力，树高、蓄积生长量较同类立地条件林分的平均水平低 30% 以上；

②林木生长停滞，林分郁闭度低于 0.4 以下，无培育前途；

③林相残败，目的树种组成比重占 40% 以下，预期商品材出材率低于 50%；

④薪炭林经过 2 次以上樵采，萌芽生长能力衰退；

⑤经济林产品连续 3 年产量较同类立地条件林分的平均水平低 30% 以上；

⑥经济林林木或品种退化，产品类型和质量已不适应市场需求。

2. 以生态防护功能为主要经营目的的人工林，符合下列条件之一的：

①林分郁闭度低于 0.4 以下的中龄林以上的林分；

②林下植被盖度低于 30％的林分；

③断带长度达到林带平均树高的 2 倍以上，且缺带总长度占整条林带长度比例达 20％以上，林相残败、防护功能差的防护林带；

④受中度风蚀，沙质裸露，林相残败的防风固沙林。

（四）严重受害人工林

主要受严重火灾、林业有害生物，干旱、风、雪、洪涝等自然灾害等影响，难以恢复正常生长的林分（林带）。

评判标准

具备以下条件之一的人工林：

1. 发生检疫性林业有害生物的林分；

2. 受害死亡木（含濒死木）株数比重占单位面积株树 40％以上的林分；

3. 林木生长发育迟滞，出现负生长的林分。

三、江苏地区主要低效林类型

主要类型有 6 种：低效次生林、低效杉木林、低效国外松林、低效杨柳树林、退化毛竹林以及其他低效林。

（一）低效次生林

主要是丘陵山区的黑松、马尾松林等遭受松材线虫病危害、大量枯死后形成的残次林，有害藤本危害的林分、杂竹灌丛，或火烧迹地等荒地上形成的低效次生林。

（二）低效杉木林

主要是丘陵山区过去营造的杉木林，由于立地条件选择不当、多代萌生或树龄过大等原因，形成的林相衰败、生长停滞、生态功能低下的杉木林分。

（三）低效国外松林

主要指丘陵山区营造的国外松林，由于树龄或密度较大，松枯梢病等危害严重，林内卫生状况差，松树枯死木、濒死木占 30％以上,生长严重衰退的国外松林分。

（四）低效杨柳树林

主要指人工营造的杨树、柳树纯林,由于造林立地条件或品种选择不当,导致长势衰弱、林相衰败,天牛等蛀干性害虫和食叶害虫发生严重,以及飞絮影响严重的杨柳树纯林。

（五）退化毛竹林

主要指由于长期缺乏科学管理,造成立竹密度过大,大龄竹偏多,或遭受竹蝗、竹螟等病虫害,竹林出现枯死竹增多、开花等现象,林内卫生状况差的毛竹林。

（六）其他低效林

主要指由于造林树种选择不当或长期缺乏管理抚育,以及病虫害等原因,导致林木生长不良,林分结构失调,稳定性降低,生态功能下降,且难以自然恢复的林分,或通道两侧等林分密度过大,林下植被缺乏,林分稳定性差的林分。

四、低效林的成因

（一）自然因素

岩石是土壤形成的原始材料,若岩性软,岩层易破碎、易风化,地表也就更容易遭受侵蚀危害,导致土壤肥力降低,不利于植物生长发育,进而形成低效林。胡庭兴等学者认为结构疏松,可溶性物质含量高的土壤,土壤抗侵蚀能力弱,土壤肥力也就随之变差,在此土壤上造林极易形成低效林。自然因素中,季节和气候因素也是形成低效林的主因之一。造林和抚育的季节性强,许多时候由于各方面原因,没有按照生长季节进行造林和抚育,在苗木出梢的夏季或干旱的秋季造林,在该抚育的季节没有及时抚育。此外,偶发极端的气候条件,也会造成新造林生长不良,最终变成低效林。

（二）人为干扰

人为干扰是形成低效林的重要因素,在人口密度较高的林区,由于乱砍滥伐、过度整枝与樵采等人为原因,森林遭到严重破坏,剩余的低劣林木最终形成残次林。如陈廉杰等对符合低效林条件的 197 个样地进行统计分析,结果表明,过量砍伐、修枝、林间开垦、铲草积肥、放牧、火烧等人为干扰因素形成的低效林占低效林总量的 61.5%,其中不合理采伐和樵采利用的就占 24.5%。

（三）经营管理不当

抚育管理是森林经营的重要环节,但目前一些地区造林措施粗放,造林后经营措施未跟上,管理水平较差,造成经营型的低效林。重栽轻管、技术薄弱、种苗质量差和缺乏科学而有效的管理手段是形成低效林的主要原因。如在 2022 年的苏北地区,春季造林遇到持续干旱少雨,苗木大量死亡,有的存活率不足 50%,缺苗后没有及时补植,形成部分地区的疏林地,进而形成低效林。

（四）未能适地适树

由于对造林地自然属性评价不当,造成树种配置、种苗质量和营造技术等技术方面的措施失误,导致低效林的形成。譬如香樟树,生长习性喜光,抗风、抗烟尘、耐寒力稍差,宜微酸性土,主要分布在长江流域以南地区,以江西、浙江等地较多。苏北地区选择香樟作为城区绿化的树种,违背了适地适树的原则。据报道,当冬季气温在 $-5℃$ 时,香樟就会发生冻梢,$-7℃$ 连续 72 小时,香樟的枝梢全被冻枯,常绿树变成了"落叶树"。由于苏北地区常有冷空气侵袭,土壤性质偏碱,地下水位偏高,土壤中的铁元素难为香樟吸收,栽植的香樟易黄化,发黄的叶片不能产生光合作用,最终导致香樟营养不良或者死亡,成为低效林,难以发挥效益。

（五）林分密度过大

林分密度影响着林分的生产力,但同时也影响着林分对水分的消耗。例如江苏在近年来大规模的绿色通道建设、城市森林的发展中,项目实施单位为了尽快郁闭成林成景,种苗规格通常较大,造林密度普遍过大,盲目移植栽种大树成风,树种选择和群落配置单一,机械式定植,随着林木的不断生长,森林质量、生态功能和景观水平逐步下降。许多绿色通道林分面临两难境地,密度大、生长差,林木竞争激烈、分化严重,其中不少林木移又移不出,砍又舍不得,如不采取有效措施,整个绿色通道林分将逐步衰败。这些绿色通道的林分看似郁郁葱葱,其实尚未发挥最大的生态功能。

(六) 病虫危害

林分结构不良,树种组成单一,优势树种或主要伴生树种易遭受病虫危害,森林生态功能和经济生产能力大大降低,形成低效林。如极具危险性的森林病害松材线虫病,被称为"松树的癌症"。自 1982 年我国首次在南京市东郊发现松材线虫病疫情以来,江苏在近 40 年防治历程中,采取积极有效措施进行防控,先后拔除了12 个县级疫区,发生面积和病死树数量趋于稳定,保护了全省的松林资源。目前,江苏松材线虫病疫情已在 7 市 23 县 99 个乡镇发生,仍存在扩散风险,防控形势依然严峻,大面积松林逐渐显现出低产低效问题。

(七) 林龄过大,更新不及时

林分进入过熟期后,林木逐渐衰竭枯亡,而自身又不具备自我更新的能力,导致林分低效。如兴隆山青杆林是甘肃省中部黄土干旱石质山地的垂直地带性植被和顶级群落,对当地环境保护和水源涵养起着巨大作用,但林龄已近熟和成熟,部分地方已进入过熟阶段,病腐、断头、多叉、濒死等林木约占 50% 左右,形成大面积低效林。

第二节　低效林改造作业设计

一、设计单元

以小班为基本单元,也可以根据实际情况将小班再划分为若干作业单元进行设计。以林场(或公司企业)、乡镇等经营单位为设计文件的报编单位。

二、外业调查

对拟改造地块的基本信息进行全面踏查,收集包括森林资源状况、立地条件、森林病虫害、种质资源、野生动植物、经营目标、作业条件、人员配备等相关因子的综合信息。

对拟改造地块设置标准样地进行调查,每个标准样地面积为1亩(连片林按 22.2 m×30 m 设置样地,林带可根据林带宽度采用标准段、标准行法),调查样地面积不小于改造面积的 2%。

三、作业设计说明书

主要包括以下内容:

(一)林相提升区域自然环境和社会经济条件分析;

(二)林相提升对象的林分类型、面积、现状生长评价(包括林分质量、生态功能、景观功能、生物多样性等);

(三)目标林分设计:目的树种组成、林分结构和功能等;

(四)作业措施:更新采伐和抚育间伐的采伐作业设计,包括采伐方式、对象、强度、株数、蓄积量、出材量、材种、伐区清理、病虫害处理及其他技术措施;补植、更新、调整等营造林作业设计,包括种苗类型、林地清理、配置方式、作业时间、栽植技术、抚育管理等方面内容。

(五)费用概算:用工量、种苗量、物质消耗、收支概算;

(六)保障措施:组织实施方式,生物多样性和环境保护,施工安全措施,档案管理等。

四、附图

主要包括以下内容:

(一)项目实施位置图;

(二)项目实施范围图,现状林分照片;

（三）作业设计示意图，意向效果图片。

五、附表

主要包括以下内容：
（一）低效林小班样地调查表（见附录三表 1）；
（二）低效林小班样地改造设计表（见附录三表 2）；
（三）低效林改造小班样地作业设计一览表（见附录三表 3）；
（四）投资概算表（略）。

第三节　低效林改造技术措施

一、基本原则

（一）增强森林多种功能

有利于增强森林的生态环境保护功能和游憩功能，维护生物多样性和生态稳定性，提高森林的生态效益、景观效益和固碳功能，实现森林可持续经营。

（二）优化森林结构

以乔木树种为主，乔、灌、草复合，多树种、多层次、多功能相结合，构建物种丰富、林相整齐美观、群落外貌完整、层次分明、季相变化丰富的近自然林。

（三）以乡土树种为主

以培育优良乡土树种为主，做到适地、适树、适种源。禁止使用带有森林病虫害检疫对象的种子、苗木和其他繁殖材料以及入侵性植物材料。

（四）因地制宜，分类指导

要遵循自然、顺应自然，根据影响森林经营的主导因子，明确经营目标,因地制宜,分类指导,科学施策。

二、实施步骤

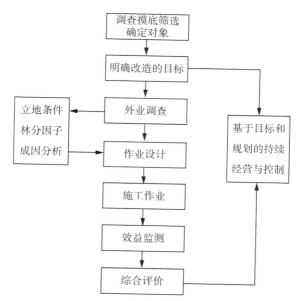

图 3-1 低效林改造实施步骤流程图

三、培育目标与目的树种

(一)主要培育方向

以地带性森林植被优势种为主的针阔混交林、落叶常绿阔叶混交林、落叶阔叶混交林、多功能林。

(二)主要目的树种

参照当地地带性森林植被顶极群落建群种或优势种,如壳斗科、榆科、大麻科、枫香科等乡土乔木树种,或者根据景区景点建设需要选择的风景林树种。一般要求每个林分的目的树种不少于3个。丘陵山区优先推荐的目的树种为麻栎、栓皮栎、枫香、榉树、榔榆、朴树、乌桕、黄连木、青冈栎、苦槠、冬青。

（三）低效林改造主要目的树种推荐

表 3-2　低效林改造主要目的树种推荐表

类型	科	种	应用范围
落叶阔叶树种	壳斗科	栓皮栎、麻栎、小叶栎、白栎、槲栎、舒马栎	丘陵、平原
	榆　科	榉树、榔榆、红果榆、糙叶树	丘陵、平原
	大麻科	朴树、青檀	丘陵、平原
	蕈树科	枫香	丘陵、平原
	无患子科	无患子、黄山栾树、三角枫、五角枫、青榨槭、鸡爪槭	平原、丘陵
	漆树科	黄连木	丘陵、平原
	椴树科	南京椴、糯米椴	丘陵、平原
	大戟科	乌桕	丘陵、平原
	木兰科	白玉兰、宝华玉兰、杂交马褂木	平原、丘陵
	杨柳科	杨树雄株、柳树雄株	滩地
裸子植物	银杏科	银杏	平原
	柏　科	落羽杉、中山杉	滩地、平原
常绿阔叶树种	壳斗科	青冈、苦槠	丘陵
	冬青科	冬青	丘陵
	蔷薇科	石楠	丘陵
	樟　科	紫楠、红楠	丘陵
说明	不限于以上科内树种，可根据低效林立地条件，选择适合树种。		

四、改造方式

（一）封育改造

封育改造适用于有目标树种天然更新幼树幼苗的林分，或具备天然更新能力的母树分布，通过封育可望达到改造目的低效林分。改造对象主要为生态地位重要、立地条件差的退化次生林。

　　封育方法采取封禁并辅以人工促进天然更新措施。对分布于生态脆弱区、土壤瘠薄地、急陡坡地等立地条件差、植被恢复困难且不适宜动土改造的低质低效林,珍稀濒危野生物种栖息地,实行全面封育,诱导形成乔灌草复合群落;对自然条件及天然更新条件较好且通过封山育林可以达到改造目的的林分采取封禁育林,对自然更新有障碍的则辅以人工促进更新措施,诱导形成多树种混交林。

　　封育改造应严格按照《封山(沙)育林技术规程》的规定实施。连续封育 5 年以上,在封禁期内严禁采伐、开垦、采石、开矿、放牧等人为干扰及一切有碍于封育的生产性经营活动。主要建设内容包括设置警示标志、界桩围栏,人工巡护,林区公路的维护与建设等。

(二) 补植改造

　　补植改造适用于郁闭度低于 0.4 的低效林。

　　补植树种采用乡土树种,通过补植形成混交林,选择能与现有树种互利、相容生长,且具备从林下到主林层生长的基本耐阴能力的目的树种。

　　根据林木分布现状,结合培育目标,确定补植方法,主要有块状补植(现有林木呈群团状分布、有林中空地及林窗较多的林地)、均匀补植(林中空地面积较小且林木分布相对较均匀的林地)、林冠下补植耐荫树种等,对林木分布不均,或密或疏的林分,则在稀疏林地处补植造林,并对过密地块进行局部清理、局部补植。

　　主要工序包括局部疏伐(块状、带状、群团)、林地清理、穴状整地、大苗造林、幼林抚育、封山育林等。施工应遵照《造林技术规程》《低效林改造技术规程》等有关规定。

　　局部疏伐:适当伐除过密林木,疏伐强度以保持合理造林密度为宜。

　　林地清理:为避免对原生植被造成破坏,在不影响施工作业的情况下,仅对整地开穴处的杂灌杂草进行必要的清理。同时,林地清理时应保留现有林分内的阔叶树和珍稀珍贵树种。

整地栽植：穴状整地，穴规格一般为 60 cm×60 cm×40 cm，对立地条件较差区域，穴规格应适当加大。整地后做好表土回穴，施足基肥，土层脊薄处适当客土。选用 1 至 2 年生 Ⅰ 级苗木。

补植密度：株行距视现有林木分布状况及经营目的确定，以补植后密度达到合理密度的 85% 以上为原则。公益林补植乡土阔叶树种，补植密度为 30～50 株/亩；商品林补植乡土阔叶用材树种为主，立地条件好的地段补植珍稀珍贵树种或经材两用树种，补植密度为 40～60 株/亩。

抚育管理：造林后要对缺死苗处及时补植，确保保存率达到 85% 以上。加强林分及幼林抚育管理，抚育时清除补植苗木周边 1 米范围以内的杂灌草，适时扩穴培土、加施追肥。连续抚育 3 年，抚育次数分别为 2 次、2 次、1 次。成林后，根据经营目标和林分生长状况，合理安排割灌与间伐。

技术要求：选择能与现有树种互利生长或相容生长，并且其幼树具备从林下生长到主林层的基本耐荫能力的目的树种作为补植树种。对于人工用材林纯林，要选择材质好、生长快、经济价值高的树种；对于天然用材林，要优先补植材质好、经济价值高、生长周期长的珍贵树种或乡土树种；对于防护林，应选择能在冠下生长、防护性能良好并能与主林层形成复层混交的树种。

用材林和防护林经过补植后，林分内的目的树种或目标树株数不低于每公顷 450 株，分布均匀，并且整个林分中没有半径大于主林层平均高 1/2 的林窗。

不损害林分中原有的幼苗幼树。尽量不破坏原有的林下植被，尽可能减少对土壤的扰动。补植点应配置在林窗、林中空地、林隙等处。成活率应达到 85% 以上，3 年保存率应达 80% 以上。

（三）间伐改造

间伐改造适用于轻度退化次生林、经营不当人工林和严重受害人工林。

综合运用透光伐、生长伐、疏伐、卫生抚育等抚育方法,间密留疏、去劣存优,间伐生长过密、生长不良、遭受病虫害及风雪冰冻危害的林木,合理调整立木密度、树种组成和林分结构,平衡林地水肥条件,调整林木生长空间,改善林分卫生状况,促进林木生长,提高林分质量。各抚育方法的具体要求执行《森林抚育规程》的规定。

间伐改造的主要工序包括割灌除草、局部间伐(补植)、培土施肥、封山育林等。

割灌除草:去除影响林木生长的藤蔓、灌木、杂草。

间伐补植:间伐强度执行《森林抚育规程》的规定。一般而言,被伐木应选择林分内生长不良、感染病虫害或过密的林木,包括枯立木、被压木、弯曲木、病腐木、多头木、生长过密林木、抑制主要树种生长的其他植物(霸王树、灌木、藤本、高大草本等)和其他有害林木,严禁拔大毛、开天窗;伐后林分平均胸径不低于伐前林分平均胸径;伐后人工林郁闭度不低于 0.6,天然林郁闭度不低于 0.5;未进行透光伐的飞播林,首次间伐后郁闭度控制在 0.7~0.8。对清杂、间伐后林木过稀的地块,应酌情补植乡土阔叶树种;对过密针叶纯林,可采用抽针补阔,每亩补植 10~20 株阔叶树(选用 2 年生及以上的 I 级苗,大穴植苗)。间伐补植完成后应及时进行护林封育。

培土施肥:间伐补植完成后,应视林木生长情况,适时培土施肥,新增幼林应连续抚育施肥 3 年以上。

技术要求:透光伐。需要调整组成、密度或结构的林分,间密留稀,留优去劣,可采取透光伐抚育。采取透光伐抚育后的林分郁闭度不低于 0.6;在容易遭受风倒雪压危害的地段,或第一次透光伐时,郁闭度降低不超过 0.2;更新层或演替层的林木没有被上层林木严重遮阴;目的树种和辅助树种的林木株数所占林分总株数的比例不减少;目的树种平均胸径不低于采伐前平均胸径;林木株数不少于该森林类型、生长发育阶段、立地条件的最低保留株数；林木分布均匀，不造成林窗、林中空地等。

生长伐。需要调整林木生长空间，扩大单株营养面积，促进林木生长的林分，可采用生长伐抚育，选择和标记目标树，采伐干扰树。采取生长伐抚育后的林分郁闭度不低于 0.6；在容易遭受风倒雪压危害的地段，或第一次生长伐时，郁闭度降低不超过 0.2；目标树数量，或Ⅰ级木、Ⅱ级木数量不减少；林分平均胸径不低于采伐前平均胸径；林木分布均匀，不造成林窗、林中空地等。对于天然林，如果出现林窗或林中空地应进行补植；生长伐后保留株数应不少于该森林类型、生长发育阶段、立地条件的最低保留株数。

卫生伐。对病虫危害林通过彻底清除受害木和病源木，改善林分卫生状况可望恢复林分健康发育的低效林，可采取卫生伐。采取卫生伐抚育后的林分应为没有受林业检疫性有害生物及林业补充检疫性有害生物危害的林木；蛀干类有虫株率在 20%（含）以下；感病指数在 50（含）以下；除非严重受灾，采伐后郁闭度应保持在 0.5 以上。采伐后郁闭度在 0.5 以下，或出现林窗的，要进行补植。

（四）调整树种改造

调整树种改造适用于重度退化次生林和严重受害人工林。

根据经营方向、目标和立地条件确定调整的树种或品种。对针叶纯林采取抽针补阔、对针阔混交林采取间针育阔、对阔叶纯林采取栽针保阔，调整林分树种（品种）结构，选择和标记目标树，采伐干扰树。根据改造林分的特性、改造方法和立地条件，按照有利于改造林迅速成林并发挥效益、无损于环境的原则确定。间伐强度不超过林分断面积的 25%，或株数不超过 40%（幼龄林）。

（五）更替改造

更替改造适用于严重受害人工林。

根据经营方向，本着适地适树适种源的原则确定更换树种。

将改造小班所有林木一次全部伐完或采用带状、块状逐步伐完并及时更新。一次连片作业面积不得大于 4 hm²。通过 2 年以上的时间,逐步更替。

主要工序包括林地清理、整地、栽植、幼林抚育、封山育林等。应严格按照《造林技术规程》《低效林改造技术规程》等有关规定组织施工。

林地清理:对杂草灌木丛生,堆积有采伐剩余物,不清理则无法整地或整地困难的地段,应在整地前对林地进行全面或块状、带状清理。林地清理时应注意保留林地上原生阔叶树和珍稀珍贵树种。

整地栽植:视更新方法、立地条件、栽植树种选择穴状、带状、鱼鳞坑等整地方式。采用穴状整地时,穴规格 60 cm×60 cm×40 cm,对立地条件较差区域,穴规格应适当加大;带状整地时,按行距 200～300 cm 环山水平开带,带面宽≥60 cm、深≥40 cm,带长依地形而定,可在带与带之间存留 50～100 cm 的自然植被间隔带;对需蓄水保土的地块,选用鱼鳞坑等整地方式。整地完成后应让表土回穴,施足基肥。选用 1 年生以上 I 级苗栽植。

造林密度:本着适地适树适种源原则,结合经营方向确定造林更替树种,以乡土速生树种、珍稀珍贵树种为主,造林小班应确保阔叶树比例 30% 以上。营造阔叶林,初植密度 60～80 株/亩;营造针阔混交林,其中,针叶林 130～180 株/亩,树种配置 7 针 3 阔或6 针 4 阔,混交林综合密度 105～145 株/亩。

抚育管理:栽植半个月之后应及时检查造林成活率,对缺苗、死苗小班适时补造;造林后 3 年内连续抚育(2-2-1)、施肥(1-1-1)、封山育林;成林后根据林分培育目的,合理安排抚育间伐,严禁砍大留小、伐优留劣或开天窗。

位于下列区域或地带的低效林不宜采取更替改造方式:

1. 生态重要等级为 1 级及生态脆弱性等级为 1、2 级区域(地段)内的低效林;

2. 海拔 1 800 m 以上中、高山地区的低效林；

3. 荒漠化、干热干旱河谷等自然条件恶劣地区及困难造林地的低效林；

4. 其他因素可能导致林地逆向发展而不宜进行更替改造的低效林。

（六）综合改造

适用于不能通过上述单一改造方式达到改造目标的低效林的改造。根据林分状况，采取封育、补植、间伐、调整树种等多种方式和带状改造、林冠下更新、群团状改造等措施，提高林分质量。

五、生态保护要求

（一）具有重要环境保护功能和景观美化价值，改造难度大或技术不成熟的低效林不宜改造；

（二）注重生物多样性的保护，加强珍稀濒危野生动植物资源及其栖息地保护，防止外来物种入侵；

（三）防止对现有植被的破坏，采取的作业措施应避免新的水土流失和风沙危害，防止改造过程对自然环境的有害作用和影响；

（四）严格控制病虫危害源的传播途径，进入改造区的种植材料要做好检疫，改造区的病虫危害木及残余物要及时进行隔离与处理，经检疫符合有关标准后方可流出改造区；

（五）林地坡度大于 25 度的低效林，改造中宜采用带状、块状的林地清理方式，以尽量减少改造过程中的水土流失；

（六）改造过程中不宜全面清林，禁止炼山。

第四节 低效林改造施工管理

一、施工管理

（一）施工准备

主要包括以下内容：

经审批的作业设计是施工的主要依据，经营单位应根据设计的改造小班（地段）、施工时间安排，组织施工员进行现场踏勘，核实作业地块、改造方式以及抚育采伐、营造林、生物多样性与环境保护等技术措施的要求，做好器具、材料的准备，并明确每个改造小班、地段的作业指导员。

开展施工员的上岗培训，培训包括作业流程、改造方式、林木采伐、营造林等方面的技术要求。

涉及抚育采伐蓄积量的，严格执行森林限额采伐指标，根据审批权限进行报批。

涉及疫区疫木的，严格按照国家相关规定进行无害化处理，防止病虫害传播与扩散。

小班中有国家级保护物种的，应在施工卡片中注明保护物种的名称、分布、保护措施等。

（二）施工要求

主要包括以下内容：严格按照作业设计的区域范围、作业面积、改造方式和措施、营造林方法、生物多样性与环境保护措施等要求开展施工；施工员在每个流程开始时进行现场示范和指导，让作业人员掌握有关技术要求；改造作业中清除的带病虫源的林木、枝桠，应及时就近隔离处理，防止病虫源的扩散与传播；改造过程中采用的种子、苗木均应达到国家标准规定的Ⅰ、Ⅱ级的要求；按照设计要求,保护好作业区内的国家级保护植物;做好作业小班、地段的林地清理,创造有利于保留木、新植树苗的生长环境;作业过程中做好护林防火与施工安全工作。

(三)监测评价

有条件的要设立固定样地,对林木生长、林分结构变化、生物多样性等因子进行定期调查观测,掌握林地动态变化,总结不同改造方式、技术措施的成效。

(四)档案管理

主要包括以下内容:作业设计的说明书、图件、表册及批复文件等;调查设计卡片;小班施工卡片;检查验收调查卡片与报告;财务概算、结算报表;改造前后及施工过程的影像资料;监测记录及报告;其他相关文件、记录及技术资料。

二、验收

以作业小班为单元评价施工作业质量(见附录三表 4),实施百分制,总分达到 85 分为合格。质量评价由第三方进行。

案例分析:

江苏省宿迁市杨树低效林改造(飘絮雌株更新)案例

宿迁地处黄淮冲积平原,因黄河水患迁城而得名。1949 年之前,森林覆盖率不足 5%,频受干旱、洪涝、干热风等危害。1975 年从意大利引进 69 杨、72 杨等杨树并栽培成功,俗称意杨。1996年,宿迁建市,亟需主导产业发展经济,杨木加工因生产投入小、技术相对简单、产业链长、见效快,加之原材料基础好而成为首选。杨树产业的发展、经济效益的提升,促进了杨树栽植的扩大。特别是 2001 年市、县(区)组织的"杨树产业年"活动,掀起全民种植杨树的热潮,杨树遍布房前屋后、田间地头。到 2009 年(江苏省森林资源二类调查),宿迁市杨树面积 17.81 万 hm²,活立木蓄积量

1 441.2 万 m³,分别占全市林木总量和活立木蓄积量的 97.1%、94.02%,杨树资源量达到峰值。2010 年以后,因建材市场影响,木材加工业放缓,杨木价格走低,造成杨树采伐期延迟,加之生态要求逐步提高,杨树更新进一步推迟,10 年以上的成熟大树占比逐步提高,全市中龄林(6—10 年)以上的杨树雌株占比 91.2%。围庄林中杨树因栽植密度过大,缺乏抚育措施,老、弱、病、死株大量存在,经济效益低、景观效果差成为普遍现象。林种树种结构单一、生物多样性差,造成生态系统不稳定,林业有害生物危害日趋严重,"飞絮""病虫害大暴发"等生态问题正在日益困扰着人们。

一、方案设计

经过工作组编写、县区讨论并确定任务、专家论证、征求市级部门和县区意见、市政府常务会议通过等环节,宿迁市杨树更新改造工作于 2015 年 11 月开始实行。按照先易后难的顺序,先城区后农村,先成熟林后中龄林,先低效林(小老树)后优质林。树种选择上注重适地适树,实施方法上注重建立机制,推进过程中注重依法更新。

二、树种品种更新的实践

树种品种更新跨度很长,范围很广,涉及内容很多,而且还在试验示范阶段,因此,本文仅从几个角度阐述实践措施和效果,未进行汇总和总结。

(一)杨树雌株采伐

按全市森林资源普查数据测算,2014 年,市区 210 800 hm² 范围内杨树面积约为 4.2 万 hm²、2 505.2 万株(株数是由面积推算得出)。其中,市主城区杨树 11.4 万株,绝大多数树龄在 10 年以上,主要分布在京杭运河、废黄河两侧,城中村周围,以及新区部分道路两侧。城郊和区属农村仍保留大量杨树。2015 年秋冬至 2017 年春季,主城区杨树更新全部完成,宿豫区、宿城区完成 15% 以上,经开区、湖滨新区、洋河新区完成 20% 以上。

（二）杨树雄株育苗基地认定

从 2016 年起，开展杨树雄株育苗基地认定，全市共认定苗圃 16 个、面积 74.67 hm²，主要无性系为南林 3 804、南林 3 412。在认定杨树雄株苗木的同时，政府采购全部从认定的育苗基地选择杨树苗木。2016 年全市杨树雄株基地销售（不包括自用扩繁）苗木 47.8 万株，本市使用 40 万株以上。

（三）其他树种替代

据宿迁市森林资源监测，2012—2016 年 5 年间，全市造林 27 933.4 hm²，其中，杨树以外其他树种造林 20 106.37hm²，占比 71.98%，杨树占比低于 30%。

（四）村庄绿化的林果化

农村生活水平提高以后，政府救助机制逐步跟上，杨木价格同时下降较大，伐木收入对农民救济作用降低。特别是最近几年春季杨絮暴发、美国白蛾入户进院，农民对杨树由喜欢到反感，纷纷采伐杨树栽植果树和花灌木。村庄绿化以"珍彩路渠杨树网，经济林果满村庄"为建设目标，以路渠为绿化核心，栽植榉树、乌桕等珍贵彩色树种，营造"珍彩路渠"的景观效果；对农田防护林进行改造，以杨树雄株建设主林带，落羽杉等窄冠树种建设副林带，搭配紫穗槐、杞柳等灌木，对野生杂草修剪保留，以防水土流失，建设乔灌草结合的杨树林网；在房前屋后栽植薄壳山核桃、柿、枣、油桃、枇杷等经济林果，适当搭配桂花、海棠、月季等花灌木，实现村庄绿化的经济林果化。最近几年，宿迁地区村庄绿化栽植的经济林果树种中，有枣、柿、枇杷、油桃、薄壳山核桃、银杏、石榴、葡萄、无花果等果树，桂花、海棠、紫玉兰、紫薇、石榴、樱花、梅花等花木，以及香椿、花椒等其他树种。如宿迁市宿城区 2014—2015 年期间村庄绿化实行"一村一品"，龙河镇孔庄建设银杏村；龙河镇大庄、埠子镇张庄、蔡集镇朱李、洋北镇吴庄建设桃树村；蔡集镇樊湾建设柿树村，集南建设枇杷村；龙河镇徐庄建设薄壳山核桃村。

（五）珍贵彩色树种造林

2017年进行珍贵彩色树种造林，以造林示范方式推进。2017年春季全市营造珍贵彩色树种成片造林 1 200 hm²，占全市造林作业面积近三分之一。其中，泗洪县珍贵彩色树种成片新造林 740 hm²，以薄壳山核桃为主。

三、思考与探讨

（一）杨树无性系推广须注重速生性、实用性、生态性相结合

推广杨树雄株，在杨树速生丰产的前提下，其无性系从雄株到泗杨1号等败育系，进而到三倍体、雄性不育系，从源头控制飘絮飘粉，将其生态性放在重要位置。还有选择抗病无性系，减少对农药的依赖。同时，利用杨树的繁育栽植简单、树冠高大遮荫效果好、速生且出材率高等特点。采取速生性、实用性、安全性相结合，才能促进杨树产业可持续发展。

（二）适地适树（品种）原则要贯穿于规划、栽植、验收全过程

适地适树原则是树种选择的基本原则，说易做难，人为、景观、舆论等各种因素均会形成干扰。因此，要从规划设计着手，选择推荐更多的适宜树种，考虑较多的育苗基地，让实施主体有较大的选择余地，特别注意防止只有一个选项时屯苗抬价。种源是适生性的前提，不仅要选择苗圃，还要确定种源。将适地适树原则落实到造林项目的实施方案中，列入项目现场查定作为计分项，纳入最终验收考评。在营造林过程中，对不适生树种、品种、苗木（质量）进行调整和整改，可以推迟或延后验收期，让适地适树原则得到实现。

（三）健康森林建设不必在碳汇能力、经济效益、景观效果之间找平衡

健康森林才能充分发挥森林的生态功能，但是建设健康森林时会在强调多项功能时纠结。这里提出对平原地区森林不应要求具备全面、复杂、细致的功能，可以以一至两项功能为主，不要求各项功能都优先，即"鱼与熊掌兼得"。在苏北地区杨树纯林较多的

情况下,以碳汇能力优先,经济效益为主,景观效益自然不高;城市绿化优先选择景观树种,培养大树、古树,自然不考虑经济效益。要摒弃夸大森林各项功能的"全能化"宣传,让森林回归其客观属性,让不同类型的森林在不同区域、区位充分发挥其主体功能作用。在森林经营措施中,慎用化学药品而保护生物多样性,减少林下除草和清杂而提高生物多样性,从集约经营提高树势来发挥碳汇能力。(程龙飞)

第四章　退化林修复技术

第一节　退化林修复原则与类型

一、退化林概念及修复原则

遵从自然规律,对退化成片林采取更替、择伐补植、抚育、渐进、封育等措施,促进林分形成正常生长发育趋势,并逐步恢复至接近于退化前状态或向更好的地带性森林顶级群落有序发展的森林经营活动。

(一)尊重自然,依法采伐

尊重自然规律和自然地理格局,根据森林类别和培育目标合理确定修复模式,培育适应当地自然条件且能实现优质高效高产目标,达到可持续经营的目的;按照退化类型和退化程度,先急后缓,及时开展退化林修复。在修复过程中,严格遵守林业相关法律、法规和标准等,严格林木采伐管理,强化森林资源保护,确保修复工作依法依规开展。

(二)因地制宜,分类施策

宜乔则乔、宜灌则灌,乔灌结合,科学选择修复方式、更替树种和确定初植密度;树种配置以混交、复层、深根为主;优先使用效益较好、抗逆性强、生长稳定的乡土树种;分区域、分类型、分年度开展退化林修复,最大限度提高修复林分的生态防护和生产功能。

（三）突出重点，合理推进

优先修复生态区位重要、退化严重、遭受重大危险性林业有害生物和森林火灾危害的人工林；实行保护生态与改善民生有机结合，合理配置部分生态效益和经济效益兼顾树种，因地制宜推进生态保护与经济发展。

（四）创新机制，科学修复

落实主体责任，加大政府投入，积极吸引企业和社会资金参与退化林修复；健全森林经营长效机制，建立退化林修复投融资机制。大力推广适用当地的成功修复模式和技术，鼓励各地积极开展修复技术的研究和创新，提升退化林修复的科学化水平。

二、退化林类型

退化林在林种上包括防护林、用材林、经济林和能源林，在起源上包括次生林与人工林。退化林修复不适宜于原始林、特殊灌木林的林分类型。

（一）退化次生林

1. 残次林。受干扰破坏，林相残败，结构失调，郁闭度及植被覆盖度低，林地土壤侵蚀较严重，经济价值及生态功能低下的次生林。

2. 劣质林。受不合理的利用，优良种质资源枯竭，保留下的种群遗传品质低劣，自然发育退化，失去经营培育价值的林分。

3. 退化灌木林。受干扰破坏，生态功能低下，失去经营培育价值的灌木林。

（二）退化人工林

1. 退化纯林。生态效益或生物量（林产品产量）显著低于同类立地条件经营水平的单一树种的人工纯林。

2. 树种（种源）不适林。因树种或种源选择不当，未能做到适地适树，林木生长极差，功能与效益低，且无培育前途的林分。

3. 病虫危害林。受有害生物严重危害且难以恢复正常生长的林分(林带)。

4. 经营不当林。因经营措施不当、管理不善等原因,导致林木生长不良,林分(林带)功能与效益显著低下的林分。

5. 衰退过熟林。进入衰老期,丧失自然更新能力,整体衰败的林分(林带)。

6. 自然灾害林。受火灾、水灾、旱灾、风灾、雪灾等自然灾害严重危害,且难以恢复正常生长的林分(林带)。

（三）退化等级

根据退化程度,将退化林分为重度退化、中度退化、轻度退化3个等级。

1. **重度退化**。防护(或生产)功能严重下降,主林层枯死木、濒死木株数比例达单位面积株数40%以上。林相残败、郁闭度降至0.3(含)以下。连续断带长度在林带平均树高的2倍以上,且缺带比例达50%以上。

2. **中度退化**。防护(或生产)功能明显下降,主林层枯死木、濒死木株数比例达单位面积株数11%～40%。林相残败、郁闭度降至0.3～0.5以内。连续断带长度在林带平均树高的2倍以上,且缺带比例为30%～49%。

3. **轻度退化**。防护(或生产)功能出现下降,主林层枯死木、濒死木株数比例达单位面积株数5%～10%。连续断带长度在林带平均树高的2倍以上,且缺带比例为20%～29%。

（四）退化林评判标准

1. 通用标准

凡符合下列情形之一者,可判定为退化林。

（1）林相残败,功能低下,并导致森林生态系统退化的林分;

（2）林分优良种质资源枯竭,具有自然繁育能力的优良林木个体数量<2株/亩的林分;

（3）林分生长量或生物量较同类立地条件平均水平低30%以上的林分;

（4）林分郁闭度＜0.3 的中龄以上的林分；

（5）遭受严重病虫、干旱、洪涝及风、雪、火等自然灾害，受害死亡木（含濒死木）比重占单位面积株数 5% 以上的林分（林带）；

（6）经过 2 次以上樵采、萌芽能力衰退的薪炭林；

（7）因过度砍伐、竹鞭腐烂死亡、老竹鞭蔸充塞林地等原因，导致发笋率或新竹成竹率低的竹林；

（8）因未适地适树或种源不适而造成的低效林分。

2. 生态标准

以生态防护功能为主要经营目的森林，符合下列情形之一的可判定为退化防护林。

（1）植被覆盖度＜40% 的中龄林以上的林分；植被覆盖度是指植被（包括叶、茎、枝）在地面的垂直投影面积占统计区总面积的百分比；

（2）林地土壤侵蚀模数大于或等于中度[$\geqslant 2\ 500\ t/(km^2 \cdot a)$]的林分；

（3）营建于农田、牧场、沙区的防护林带，连续缺带 20 m 以上或现有密度小于合理经营密度 20% 以上，以及生长、结构不良，防护功能差的林带；

（4）受中度风蚀，沙质裸露，林相残败的防风固沙林；

（5）组成单一、结构不良、林相残败、防护功能低下、无培育前途的林分；

（6）林分衰败，生态防护功能显著下降的成、过熟林。

3. 经济标准

以林产品为主要经营目的，符合下列情形之一的可判定为退化商品林。

（1）树高、蓄积生长量较同类立地条件林分的平均水平低30% 以上；

（2）林分中目的树种组成比重占 40% 以下；

（3）商品材预期出材率低于 50%；

（4）生产非木质林产品，连续 3 年产品产量较同类立地条件林分的平均水平低 30％以上；

（5）生产非木质林产品，林木或品种退化，已不适应市场需求。

第二节 修复技术

一、退化防护林修复

退化防护林修复对象为人工起源的退化防护林，次生严重退化防护林和风景林的修复可参照执行。退化防护林修复可采用更替、择伐、抚育、林带渐进、综合等方式。

（一）更替修复

1. 适用对象。适用于重度退化防护林。

2. 修复方法。采取小面积块状皆伐更新、带状采伐更新、林（冠）下造林更新、全面补植更新等方式进行修复。

3. 技术要求

（1）小面积块状皆伐更新、带状采伐更新。根据林分状况、坡度等情况，采用小面积块状、带状等采伐进行修复，采伐连续作业面积按表 4-1 执行。小面积块状皆伐相邻作业区应保留不小于采伐面积的保留林地。带状采伐相邻作业区保留带宽度应不小于采伐宽度。采伐后应及时更新，更新树种按防护林类型要求、兼顾与周围景观格局的协调性确定，原则上营造混交林，可采取块状混交、带状混交等方式。根据更新幼树生长情况合理确定保留林地（带）修复间隔期，原则上更新成林后，再修复保留林地（带），间隔期一般不小于 3 年。

表 4-1　小面积块状皆伐与带状采伐连续作业面积限度表

坡度		采伐方式	面积
≤35°	≤15°	小面积块状皆伐	≤60 亩
		水土流失严重地区需采用沿等高线带状采伐	带宽小于有林地平均树高的 2 倍
	16°~35°	沿等高线带状采伐	
	>35°	原则上不允许更替改造	

注：“水土流失严重地区”指《土壤侵蚀分类分级标准》(SL 190—2007)中规定的土壤侵蚀强度达到中度及以上地区。

(2) 林(冠)下造林更新。林(冠)下造林更新应选择幼苗耐庇荫的树种。造林前，先伐除枯死木、濒死木、林业有害生物危害的林木，然后进行林(冠)下造林。待更新树种生长稳定后，再对上层林木进行选择性伐除，注意保留优良木、有益木、珍贵树。

(3) 全面补植更新。退化严重、林木稀疏、林中空地较多的退化防护林，可采用全面补植方式进行更新。先清除林分内枯死木、濒死木、生长不良木和林业有害生物危害的林木，然后选择适宜树种进行补植更新。

(二) 择伐修复

1. 适用对象。适用于近熟、成熟和过熟的退化防护林。

2. 修复方法。可采取群状择伐、单株择伐等方式进行采伐，并根据林分实际情况进行补植补造。

3. 技术要求

(1) 择伐。对修复小班内枯死木、濒死木和林业有害生物危害的林木，其群状分布特征明显的区域实行群状择伐；群状分布特征不明显且呈零散分布的区域实行单株择伐。群状择伐、单株择伐强度根据实际情况而定，择伐株数强度应小于 40%。群状择伐可根据实际情况确定每群面积大小，但最大采伐林窗的直径不应超过周围林木的 2 倍。平均择伐强度不超过伐前林木蓄积的 15%，采伐间隔期应大于一个龄级期。

（2）补植补造。择伐后郁闭度大于 0.5,且林木分布均匀的林分可不进行补植补造;择伐后郁闭度小于 0.5 的林分,或郁闭度大于 0.5 但林木分布不均匀的林分,应进行补植补造。补植补造应尽量选择能与林分原有树种和谐共生的不同树种,并与原有林木形成混交林。

（三）抚育修复

1. 适用对象。适用于中(幼)龄阶段的退化防护林。

2. 修复方法。按照间密留匀、去劣留优和去弱留强的原则,采取疏伐、生长伐、卫生伐等方式进行修复,并根据林分实际情况进行补植补造。

3. 技术要求

（1）抚育采伐。对因密度过大而退化的防护林,采取疏伐、生长伐方法调整林分密度和结构,优先伐除枯死木、濒死木和生长不良木。对遭受自然灾害、林业有害生物危害的林分,采取卫生伐,根据受害情况伐除受害林木,并彻底清除病(虫)源木。

（2）补植补造。根据《森林抚育规程》(GB/T 15781—2015)要求,符合下列条件的林分,应进行补植补造。人工林郁闭成林后的第一个龄级,目的树种、辅助树种幼苗幼树的保存率小于 80%;郁闭成林后的第二个龄级及以后各龄级,郁闭度小于 0.5;卫生伐后郁闭度小于 0.5;含有大于 25 平方米的林中空地;立地条件良好、符合经营目标的目的树种株数少的有林地(符合本条件应结合生长伐进行补植)。补植树种应尽量选择能与林分原有树种和谐共生的不同树种,并与原有林木形成混交林。

（四）林带渐进修复

1. 适用对象。适用于农田防护林、护岸林、护路林、城镇村屯周边等退化防护林带(网)。

2. 修复方法。在维护防护功能相对稳定的前提下,可采取隔带、隔株、半带、带外及分行等修复方式,有计划地分批改造更新,伐除枯死木、濒死木和林业有害生物危害的林木,并对林中空地和连续断带处加以补植补造。更新间隔期应不小于 3 年。

3. 技术要求

（1）隔株更新。按行每隔 1～3 株伐 1～3 株，采伐后在带间空地补植，待更新苗木生长稳定后，伐除剩余林木，视林带状况再进行补植。

（2）半带更新。根据更新树种生物学特性，将偏阳或偏阴一侧、宽度约为整条林带宽度一半的林带伐除，在迹地上更新造林，待更新林带生长稳定后，再伐除保留的另一半林带进行更新。

（3）带外更新。根据更新树种的生物学特性，在林带偏阳或偏阴一侧按林带宽度设计整地，营造新林带，待新林带生长稳定后再伐除原有林带。

（4）隔带、分行更新。对短窄林带进行全带采伐；对宽林带、主林带实行分行、断带采伐；对长林带实行断带采伐。

主要树种的更新采伐年龄参照表 4-2。全带采伐时，同期采伐林带的带间保留带不少于 2 条，相邻林带的采伐时间间隔不低于 5 年；分行采伐时每行采伐长度不超过 50 米，采伐行中保留行长度不应低于采伐行长度，相邻伐带采伐间隔不低于 5 年；断带采伐中每采伐段不超过 1 公里，保留段不少于采伐段长度的 2 倍，保留带宽度不应低于采伐段宽度，相邻段采伐间隔时间不低于 5 年。

采伐林带应与主风方向基本垂直，渐进修复的树种配置按多效益兼顾原则，可在道路、水系两侧和城镇村屯周边防护林带内，适当镶嵌乔木和灌木观赏树种，形成多树种混交的复层林。

表 4-2 华东地区主要树种主伐年龄表

单位：年

树种	更新采伐年龄
水杉、池杉、落羽杉、中山杉、柳杉等	26 年以上
黄山松、黑松、金钱松、侧柏、铅笔柏、柏木、刺柏等	41 年以上

树种	更新采伐年龄
人工马尾松、湿地松、火炬松等	31年以上
麻栎、板栗、榆树、朴树、黄连木、香樟、刺槐、黄檀、枫香等	51年以上
枫杨、国槐、臭椿、楸树、梓树、苦楝等	26年以上
杨类、柳树、泡桐	10年以上

（五）综合修复

1. 适用对象。适用于林分结构不尽合理，枯死木、濒死木和林业有害生物危害林木分布特征一致性差的轻度、中度退化防护林。

2. 修复方法。综合运用抚育、补植补造、林下更新、调整、封育等措施，清除死亡、林业有害生物危害和无培育价值的林木，调整林分树种结构、层次结构和林分密度，增强林分稳定性，改善林分生境，提高林分生态防护功能。

3. 技术要求

（1）林分抚育。参见本章第二节"（三）抚育修复"部分内容。

（2）补植补造。被修复的林分实施抚育后，郁闭度较低的，采取补植补造的方法，培育复层、异龄、混交林分。选择的补植补造树种应与林分现有树种在生物特性与生态习性方面共生相容，形成结构稳定的林分。

（3）林下更新。在修复的林分内，对非目的树种分布的地块（地段）及林中空地，采取林下更新、林中空地造林方法进行修复，培育林分更新层并促进演替形成主林层。树种选择需考虑更替树种对现有林分生境的适宜性，考虑更替树种与主林层树种在林分营养空间层次的协调与互补，合理确定更替树种的成林目标与期望。

（4）调整树种。在修复的林分内，对需要调整树种和树种不适的地块（地段），宜采取抽针（阔）补阔（针）、间针（阔）育阔（针）、栽针（阔）保阔（针）等方法进行调整，促进培育形成混交林。一次性间伐强度不应超过林分蓄积的 25%。

（5）封禁培育。采取上述措施的林分,宜考虑辅以实施封禁培育,划定适当的封育期,采取全封、半封等封育措施,促进退化防护林修复尽快达到预期成效。

（6）其他技术要求。退化灌木林修复宜根据林地立地条件,特别是水资源情况进行平茬或补植补造。空地面积较小、分布相对均匀的进行均匀补植;空地面积较大、分布不均匀的进行局部补植。适宜生长乔木的区域,可适量补植乔木,形成乔灌混交林。补植前,应先清除死亡和林业有害生物危害的灌木。

凡涉及补植补造的林地,根据现有株数和该类林分所处年龄阶段、立地条件等确定合理补植密度,补植后单位面积的新植苗木和现有林木株数之和,应达到该类林分合理密度的最低限以上。

未明确的造林整地、播种与栽植、造林密度、未成林抚育和管护等技术要求,按照《造林技术规程》(GB/T 15776—2023)的规定执行。

森林保护、营林基础设施等林地基础设施建设可按照《生态公益林建设 技术规程》(GB/T 18337.3—2001)的规定执行。

在修复过程中,各项方法的运用,应按照尊重自然规律原则,视林分退化状况和环境,因地制宜,合理选择。

二、退化商品林综合修复

退化商品林综合修复适用于以林产品生产为主要经营目的且立地条件较好但产量和效益显著低下的商品林,不适用于生态公益林(含各类自然保护区的林地和风景林)。具体适用于商品林中的低产用材林、低产竹林、低产经济林 3 种类型。

（一）退化商品林综合修复对象界定

1. 低产用材林。以培育和提供木材为主要目的,立地条件较好,但现有林分树高、蓄积生长量或生物量较同类立地条件平均水平低 30% 以上;林分中目的树种组成比重占 40% 以下(栎类灌木林除外)；商品材预期出材率低于 50％的林分。

2. 低产竹林。以培育和提供竹材或笋产品为主要目的，立地条件较好，因自然（风雪灾害、有害生物爆发）或人为（过度采伐、长期不经营）等原因，导致林相不整齐、残破、立竹结构不合理、发笋率或新竹成竹率比同类立地条件平均水平低 30％以上的竹林。

3. 低产经济林。以培育和提供油料、干鲜果品、工业原料、药材及其他副特产品（包括饮料、淀粉、油脂、香料、涂料）为主要经营目的，立地条件较好，但现有林分品种不优，密度过大，树体老化，连续 3 年产品产量较同类立地条件平均水平低 30％以上，或因品种退化已不适应市场需求的经济林林分。

（二）综合修复方法

结合华东地区实际，规定低产林综合修复统一按照"补植补造、树种调整、抚育间伐、劈山垦复、立竹结构调整、施肥、勾梢、嫁接换种、平茬促萌、疏伐修枝"10 种方式进行。其中低产用材林可以单独或同时采取补植补造、树种调整、抚育间伐 3 种模式；低产竹林可以单独或同时采取补植补造、劈山垦复、立竹结构调整、施肥、勾梢 5 种模式；低产经济林可以单独或同时采取补植补造、嫁接换种、平茬促萌、疏伐修枝 4 种模式。各种综合改造模式的具体要求如下：

1. 补植补造

（1）适用对象。适用于低产用材林、低产竹林、低产经济林。

（2）修复方法。根据林地目的树种林木分布现状，确定补植方法。通常有均匀补植（现有林木分布比较均匀的林地）、块状补植（现有林木呈群团状分布、林中空地及林窗较多的林地）、林冠下补植（耐荫树种）等方法。

（3）技术要求。补植树种应根据经营目标确定，用材林一般要考虑通过补植形成混交林。补植数量一般应达到合理初植密度的30％以上，补植密度根据经营方向、现有株数和林分所处年龄阶段而定，一般应达到该类林分的合理密度的 95％以上。按照补植补造方式实施综合改造,必须同时进行一次全垦或带状垦抚。

2. 树种调整

(1)适用对象。适用于低产用材林。根据经营方向、目标和立地条件确定调整的树种或品种。

(2)修复方法。可采取抽针补阔(在改造的林分中,伐除部分针叶树木,并于空隙处补植阔叶树苗,达到改善林分树种结构、培育针阔混交林的目的,此种措施主要适用于针叶纯林)、间针育阔(间伐部分针叶树种,采取森林抚育措施,培育林下已有的阔叶幼树,使之形成针阔混交林,此种措施主要适用于针叶林下有阔叶幼苗更新的林分)、栽针保阔等方法调整林分树种(品种),将纯林改造培育为混交林。

(3)技术要求。按照树种调整方式实施综合改造,调整强度一般应达到 30%以上,同时必须进行一次带状垦抚或除草抚育。

3. 抚育间伐

(1)适用对象。适用于低产用材林。根据林分情况,对低效纯林、经营不当林及病虫危害林、目的树种分布均匀的天然次生林(栎类灌木林)。

(2)修复方法。通过抚育间伐调整林分组成、密度或结构,扩大单株营养面积和生长空间,促进林木生长。

(3)技术要求。实施间伐时,坚持"间密留稀,留优去劣,彻底清除受害木或病源木,确保目的树种合理密度"的原则,采伐强度一般伐除总株数的 15%~50%(栎类灌木林除外),伐后郁闭度不低于 0.6。同时,必须进行一次带状垦抚或除草抚育。

4. 劈山垦复

(1)适用对象。适用于低产竹林。

(2)修复方法。根据林分情况,采取劈山除杂、全面或带状垦复、留笋养竹、补植新竹、林缘松土扩鞭、合理间伐等措施实施改造。

(3)技术要求。其中劈山除杂、全面或带状垦复 2 项措施必须同时进行。

5. 立竹结构调整

(1)适用对象。适用于低产竹林。

(2)修复方法和技术要求。a. 留笋养竹。严格控制挖冬笋，严禁刨鞭寻笋。及时除去细小竹笋，每株留下 2～3 个粗壮竹笋形成新竹株。选择大径级健壮竹笋留作成竹，以保证竹林新竹的增长量。

b. 适度采伐。按"去小留大、去劣留强、间密留疏"原则，间伐细劣竹株，留足 1—5 年生竹，严格控制采伐量，保留合理立竹度（毛竹 200 株/亩左右，元杂竹 3 000 株/亩左右）。

c. 合理密度。毛竹每根母竹间隔 80～100 厘米，元杂竹每根母竹间隔 20～30 厘米。

d. 适当补植。对过稀的竹林在立春前补植种竹，使达到母竹间的合理间隔标准。

e. 保留伴生树种。许多毛竹林都混杂着杉、松及其他杂灌，应将争养分、争空间的杂灌砍去，保留一些有利于竹林生长和有利于增强竹林抗灾害能力的伴生树种如枫香、杉等，与竹株混交，其混交比例以其树冠投影面积不超过竹林面积的 20% 为度。

6. 施肥

(1)适用对象。适用于低产竹林。

(2)修复方法和技术要求。采取在 9—10 月施有机肥，在春季竹笋出土前 1 个月施速效化肥，在 5—6 月用注射器竹腔施肥，三种施肥方法用一种或几种均可。采取施肥方式实施改造，需对竹林实行带状或穴状垦抚。

7. 勾梢

(1)适用对象。适用于低产竹林。

(2)修复技术要求。勾梢一般在 10—11 月份进行，留枝 15 盘以上，不得在笋期、展枝期断梢。采取勾梢方式实施改造，需对竹林实行穴状垦抚或除杂抚育。

8. 嫁接换种

（1）适用对象。适用于低产经济林，特别是因品种或市场等其他原因导致的低产干果类林分、低产鲜果类林分。

（2）修复方法。一般采取以现有树种植株作砧木，采取芽接、枝接的方法，将品质优良的目的树种枝或芽，接到现有树种的适当部位，使两者接合成新植株。

（3）技术要求。主要措施有重桩回缩、林木嫁接、松土除杂、施肥改土、抹芽摘心等。其中林木嫁接、松土除杂两项措施必须同时进行。提倡套种豆科植物，实行林粮间作、以耕代抚。

9. 平茬促萌

（1）适用对象。适用于低产经济林。

（2）方法和要求。适用于萌生能力较强的树种（如茶叶），主要措施有全垦、施肥、平茬等，且3项措施必须同时进行。提倡套种豆科植物，实行林粮间作、以耕代抚。

10. 疏伐修枝

（1）适用对象。适用于低产经济林。

（2）修复方法。主要针对初植过密、郁闭度过高、不通风不透光和树势生长过旺、树形主干明显的经济林林分，通过合理间伐、整形修剪等措施，调整密度、通风透光、促进分枝、提高产量。

（3）技术要求。一般要求疏伐强度不低于 25%，修枝强度不低于 60%（含主枝、侧枝、小枝和枝条的整形修剪与截短回缩）。

三、生境保护

（一）限制修复区域

依据《生态公益林建设　技术规程》（GB/T 18337.3—2001），禁止在特殊保护地区进行退化防护林修复，严格限制在重点保护地区进行退化防护林修复。

以下重点保护地区禁止采用皆伐进行更替修复：①生态脆弱性等级为 2 级区域（地段）。②沙化等自然条件极为恶劣地区。

③其他因素可能导致林地逆向发展而不宜改造的区域或地带。

（二）预留缓冲带

修复区内分布有小型湿地、水库、湖泊、溪流，或在自然保护区、人文保留地、自然风景区、野生动物栖息地和科学试验地等地区的临近区，应预留一定宽度的缓冲带。缓冲带宽度参见《森林采伐作业规程》（LY/T 1646—2005）。禁止向缓冲带内堆放采伐剩余物、其他杂物和垃圾。

（三）保护修复林地生态

限制全面清林。在修复林地内，存在杂草灌木丛生、采伐剩余物堆积、林业有害生物发生严重等情况，不进行清理无法整地造林的林地，可进行林地清理。清理时，应充分保留原生植被，禁止砍山炼山。造林整地尽量采用穴状、鱼鳞坑等对地表植被破坏少的整地方式，严格限制使用大型机械整地，减少施工机械对原生植被和土壤反复碾压产生的破坏；造林整地应尽量避免造成新的水土流失；水土流失严重地区的造林整地，应设置截水沟、植物篱、溢洪道、排水性截水沟等水土保护设施。

（四）保护生物多样性

1. 现有植物保护

保留国家、地方重点保护以及列入珍稀濒危植物名录的树种和植物种类。

小面积皆伐应注重保留具有一定经济价值和特殊作用，并能与更新树种形成混交的树种。

2. 保护野生动物生境

修复区内树冠上有鸟巢的林木，以及动物巢穴、隐蔽地周围的林木，应注重保留。

保护野生动物生活和迁移廊道，根据野生动物生活习性，合理安排修复时间，减少对野生动物产生的惊扰。

第三节　华东地区部分主要树种
退化林修复要点

一、杨树

1972 年,江苏省首次从意大利引进南方型杨树无性系。因其具有生长快、成材早、产量高、易于更新和便于加工等特点,加之适宜的光热水土条件,黄淮地区等地迅速掀起了杨树造林热潮。经过 40 年的发展,杨树已经成为淮海地区栽种面积最大的树种。但该地区杨树造林整体面临结构单一、密度过大、经营管理粗放、大径材少、易感染病虫害等问题。因此,如何充分发挥杨树的经济、生态和社会效益,科学开展退化林修复是当前需要解决的问题。

(一) 松土除草

在杨树林分郁闭前,进行松土除草。每亩平均 1～3 次。松土深度一般为 5～10 cm,里浅外深,不要伤根。有条件的地方可整个持续松土除草,但后期不必每年进行。

(二) 林下复合经营

根据多年的研究和生产实践,江苏省主要的林下复合经营模式有以下几种:

1. 杨—农复合型。间作小麦、油菜、豆类、萝卜、西瓜以及紫云英等。

2. 杨—药复合经营林。这一间作方法是平原农区合理利用空间资源的重要途径之一,在农区实行杨—药复合经营具有很大的潜力。

3. 杨—食用菌复合经营。平原农区目前主要有林—平菇结合等类型。

4. 杨—草—牧复合经营。主要有两种形式:林地内放养;利用林间草场或林木落叶放牧。

（三）施肥

杨树速生丰产林施用的肥料种类有氮肥、磷肥、复合肥、有机肥、微生物肥料和专用肥料等。对杨树施用有机肥、氮肥或氮肥与磷肥相结合均有明显的增产效果。一般在 5 月中旬至 6 月中下旬施肥为好,也即每年在杨树生长高峰前施肥为佳。

（四）灌溉

杨树对水分反应敏感,且喜流动水。缺水时植株生长缓慢,叶片发黄、萎蔫,甚至落叶、死亡。在积水地会生长不良,地下水位过高和土壤含水量过多时应及时排水降渍。

杨树速生丰产林灌水次数和时间要结合当地的杨树生长情况、降雨量等进行。一般有以下几种灌溉方式:返青水,3 月下旬树木发芽前;促生水,5—6 月份枝叶扩大期;抗旱水和 7—8 月增灌生长高峰水。随着林分年龄的增大,树木的抗逆性增加,可适当减少灌水次数。

（五）修枝

杨树萌芽力强,适时修枝可以使树干通直圆满,培育出无节良材。造林后 1—3 年,尽量不修枝,但应修除双梢和上部长势太强且枝距近、形成"卡脖子"的侧枝,以保留大树冠,增加光合面积。之后每年逐渐将下部的侧枝修净,修剪强度约控制在树高的 1/3 处,即修枝时应掌握一个合理的冠高比,树冠以能占树高的 2/3 以上为好,直到枝下高 8 m。此外,不同的培育目的,对杨树修枝的要求也不尽相同。培育纸浆材的,修剪竞争枝;培育胶合板工业用材的,树龄 2—3 年修剪竞争枝,树龄 3 年以上,对树高 1/3 处及其以下部位侧枝进行修剪。修枝以后,主干上还可能再长出萌条,有时是由于修枝的刺激在原处长出的。这些萌条应及早剪去。

杨树修枝一般在休眠期进行,也可在生长季节进行,但应避免在严冬季节或雨季修枝,伤口不易愈合且易产生冻害或感染病害。最好在 4 月底 5 月初进行,此时修枝伤口不流液,愈合快,且不易产生萌条。

修枝原则是不让修枝疤痕超出树干直径 6 cm 以外。修枝工具必须锋利,平贴着树干下剪或锯,不能留茬。遇较粗的侧枝须用修枝锯时,应先在侧枝下方锯一浅口,然后再由上往下锯,以免侧枝断裂时撕裂其下侧的树皮。若锯口较大,还应加强锯口的护理工作,以加速愈合,防止冻害和病虫害。利用利刀把锯口周围的树皮和木质部削平,并用 2% 硫酸铜水溶液或 0.1% 升汞水消毒,消毒后再涂保护剂。常用的保护剂为锯油、油漆或铜制剂。铜制剂配制的方法是先将硫酸铜和生石灰各 2 kg,碾成粉末,倒入 2 kg 煮沸的豆油中,充分搅拌,冷却后即可使用。树体伤口处受刺激后会产生许多不定芽,也要及时抹掉。

(六)间伐

杨树属强阳性树种,喜光喜肥,宜稀植。但黄淮地区目前栽培的杨树,无论是成片造林,还是四旁栽植,均显得过密,需要不断通过抚育间伐下调林分密度。具体的间伐强度、时间等可结合实际,再参考前述的有关方法确定。一般而言,杨树幼龄林透光伐后的密度控制在 180～360 株/公顷。中龄林间伐后的密度控制在 135～270 株/公顷。另外,据相关研究,杨树郁闭后,可采取以下方式确定不同的间伐强度和模式:第一,造林密度在 81 株/亩以上,间伐强度在 75% 左右,即先隔一行间伐一行,再隔一列间伐一列;第二,造林密度在 41～80 株/亩,间伐强度在 50% 左右,即隔一行间伐一行或按"◇"形间伐;第三,造林密度在 25～40 株/亩,间伐强度为 1/3 左右,保留宽窄行,即每隔 2 行间伐 1 行,使保留的每1 行都可以利用边行效应,间伐行的土地可以继续开展林农间作,提高短期效益,也促进杨树生长;第四,造林密度在 25 株/亩以下,主要间伐衰弱木、病虫木、风(雪)折木、干形不良木等,林分密度控制在 20 株/亩左右。当然,对上述间伐强度和配置模式不能完全照搬,而应根据实际情况决定。与设计间伐位点相邻的位点上,若有因品种不适而生长不良的林木,或品种虽适但因生存竞争而生长衰弱的林木,要列为优先伐除对象。

据研究,杨树生长可以分为 4 个阶段:①0—2 年为生长初期,或称缓苗期,这是在栽植后苗木对新环境有一个适应过程,这就或多或少地影响了生长势;②2—4 年为径速生期,这个阶段,苗木经过了缓苗期,由于光线、水分充足,个体之间相互作用小,径生长迅速;③4—10 年为径生长的持续期,这个阶段林分开始郁闭,树木间的竞争激烈,径连年生长量缓慢递减,但生长量仍保持较高,到了林分完全郁闭后,树木个体之间相互抑制生长,径连年生长量降低;④10—18 年为径生长的缓慢期,这时的径生长逐渐缓慢,生长量趋于平稳。

二、竹林

竹子是我国分布广、经营面积大的重要森林资源,在国土大产业中发挥着十分重要的作用。人工培育的竹子主要有毛竹、刚竹、早竹及丛生竹等,观赏竹种类较多。现着重介绍毛竹和早园竹管理。

(一) 毛竹

毛竹属短轮伐异龄林,生长迅速,一次造林,永续利用,是生态与经济有机结合的典型森林类型。毛竹林的采伐利用,通常保留 3 度(以 2 年为 1 度)以下立竹,而伐去 4 度以上立竹,此谚所谓"留三去四莫存七"也。材用竹林最好不挖冬笋,春笋合理留养,分期适当挖去孱弱个体或稠密的竹笋,以利于留下的竹笋旺盛生长。留养小年竹是应对毛竹大小年提高竹林产量的重要措施之一。露土的春笋 40%～50% 不能成竹,成为退竹,要及时挖掉。

修复有培育前途且抚育不会造成水土流失,非目标树过多,杂灌、藤蔓丛生的竹林;生长细弱、畸形竹及病竹、风倒竹、雪压竹比例达 30% 的竹林;与竹林生长争光争热、不利于保留竹生长的非目标树及生长过密的竹子。除去害虫中间寄主和减少害虫栖息场所,保持合理的立竹度,减少营养消耗,促进竹林生长。修复可在每年梅雨季节,进行除草去杂(浙江称劈山)并翻入土中,使之腐烂,增加肥力。林内需予以覆土,以免鞭根暴露,而利发笋。具体方法如下:

1. 护笋养竹。护笋养竹是增加竹林密度、提高竹林产量的关键性措施之一。各类散生材用竹林都应做到不挖鞭笋、冬笋,保护春笋,及时挖退笋。

毛竹的新竹经1年换叶,以后每2年换1次叶。换叶的一年出笋少,称为"小年竹";不换叶的一年出笋多,称为"大年竹"。根据竹林的这种特性,进行合理的挖笋、养竹等。

清明至立夏,是散生竹春笋出土的初期和盛期,要加强保护,严禁挖春笋及放牧。竹笋出土末期,经常有不能成竹的笋出现,这种笋称为"退笋",应及时挖掉,既可防止其消耗竹林养分,又可增加经济收益。

2. 劈山。竹子成林后,竹林内仍滋生杂草、灌木、藤蔓等,为防止与竹林争夺养分、水分,必须将它们砍除,覆盖于林地表面,任其腐烂分解为肥料,增加竹林的肥力。

一般每年7—8月劈山一次。若劳力充裕,则每年可劈山两次,以6月和9月为佳,前者俗称"劈黄霉山",后者俗称"劈白露山"。竹林立竹度大,杂草、灌木少时,也可不劈山。

若每年劈山一次,应选择在7月进行,此时高温多雨,灌木杂草枝叶幼嫩,砍后1—2月即能全部腐烂,肥效高。白露后,气温逐渐下降,劈山的枝丫已木质化,不易腐烂。冬季劈山,杂草第二年萌芽较旺盛,影响劈山的效果。如果连续劈山数年,可收到抑制灌木杂草再生之效。

3. 垦复。深翻林地(20～25 cm),挖除树蔸、老竹蔸、老竹鞭。一般每隔4—6年全垦一次。秋、冬季是挖竹兜的最好季节,竹林生长势较弱,竹液流动缓慢。

4. 挖山。上层板结、老鞭充塞的竹林,以挖山、埋青为宜,以毛竹生长旺季为优。挖山一般约 15 cm 或更深。立竹周围竹密,嫩鞭附近和土壤疏松处宜浅挖;林中空地、竹鞭稀疏处、老鞭附近土壤板结处可深挖。除挖老鞭、浮鞭外,对排水不良的低洼地应开沟排水。

5. 埋青。开沟埋青法,土层深厚立竹稀疏的竹山,开宽约 50 cm 呈"U"字形的横沟。将砍下的树枝杂草放入沟内,然后在其上方开设第二道横沟,取土覆在下面横沟的杂草上,依次向上。客土埋青法:鞭浅根多的林地,劈山后将树枝杂草平铺林地约 30 cm,然后客土覆盖埋青 1 次,可在 7—8 年内连年生长大竹。

6. 松土。松土以 6 月初至 8 月底为宜,松土深度 20～30 cm。如结合松土再施入土杂肥,则效果更好。

7. 施肥。以秋季为宜。化肥可在挖山后撒施或劈山后条施;厩肥可采取穴施。竹伐桩内施肥,肥料有碳酸氢铵、尿素、氯化铵、复合肥等。

(二) 早园竹

早园竹又名早竹、燕竹,由于早春打雷即出笋,故又称之为雷竹,为禾本科竹亚科刚竹属竹种,是我国特有的优良笋用竹。早园竹喜肥沃,怕积水,鞭细根少,当年栽竹,次年出笋,3 年满园,4 年高产。3 月初开始出笋,4 月底结束,5 月份新竹生长,抽枝展叶,6 月份开始地下鞭生长,8 月开始笋芽分化,10 月至 11 月有部分秋笋出土。具有投资小,见效快,一次建园,永续利用的优点,在林业上具有较好的发展前景。

1. 除草松土。新造林,立竹稀疏,林地光照充足,容易滋生杂草,2 月、5 月、9 月可结合松土进行除草,前两年可间作农作物,以耕代抚,既促进新竹生长,又增加农作物收入,间作农作物必须树立以抚育竹林为主的思想,选用豆科矮杆农作物或绿肥。

2. 施肥。造林后第 2—3 年,在母竹和新竹周围块状施肥,每亩施腐熟的畜肥 10～15 kg 或饼肥 1～2 kg。如无有机肥,则可用具有氮、磷、钾相应含量的化肥。如用化肥，应注意施肥方法，适当远施、散施。

3. 浇水和排水。造林后及时进行浇水抗旱。浇水后进行一次浅松土，并覆盖一层稻草。平坦竹地，在竹园中每隔 4～6 m，开一条排水沟；山坡竹地，每隔 6～8 m，开一条水平避水沟。

4. 翻地。一般情况下，每年应翻地两次。5 月中旬至 6 月上旬离母竹 10～15 cm 进行第 1 次翻地除草，翻地前先砍除 4 年以上老竹及全开花竹，并施有机肥和化肥，翻地深度达 30 cm。9 月进行第 2 次浅削除草，翻地深度 3～5 cm，不宜太深。土层不深、肥力不高的竹园，每年秋末冬初加客土 3 cm 左右。

5. 施肥。以有机肥料为主、化学肥料为辅，合理搭配，科学施肥。有条件的施田笋竹专用肥。农家肥等有机肥料施用前必须经无害化处理。一般一年要施 4 次肥。

6. 水分管理。早园竹喜欢湿润的土壤，但又最怕积水，所以平地竹林、土壤黏的竹林要开好排水沟，总沟宜宽深。干旱季节要进行浇水灌溉。

7. 留笋养竹。竹笋出土盛期（3 月中旬至 4 月中旬），根据竹笋出土迟早选定最佳留种笋时间。要选择笋体粗壮，分布均匀的"乌桩头"留作种笋，并插上标记。一般每年留养新竹 250～300 株为宜，在竹园内分布均匀，留养种笋应增加 20％的系数。竹林的合理结构一般为每亩立竹度 700～1 000 株，1 年生、2 年生、3 年生、4 年生立竹比例为 3∶3∶3∶1。挖去 4 年生以上老竹和部分 4 年生竹。

8. 覆盖出笋。覆盖时间以 11 月中下旬至 12 月上旬为好。材料采用砻糠、竹叶、稻草，覆盖前进行消毒。方法：覆盖前在竹地上盖上有机肥料 3～5 cm，浇水渗透至 30～40 cm，盖上 30 cm 砻糠或竹叶，或先铺 10 cm 的稻草和 30 cm 的砻糠，并将覆盖物浇水湿润。覆盖物必须在竹笋收获后清除移出竹林。覆盖间隔期：同一地块不能连续覆盖，间隔期不低于 2 年。

三、松柏类

松柏类早年生长快的树种,后期生长较慢。一般从第 4—5 年开始生长加快,第 6—7 年达到高峰,第 11—12 年达到高生长量成熟;胸径生长随树高生长的加快而加快,第 12—13 年达到高峰,第 15—16 年左右达胸径生长量成熟龄。

1. 除草松土。一般在造林后 5 年内,每年除草松土 2 次。第 1 次宜在 4—5 月,第 2 次宜在 7—8 月。

2. 抚育间伐。在林分达到充分郁闭时,开始第 1 次间伐。此时树木枝丫枯死严重,个体之间出现竞争,树木开始出现分化。间伐株数为保存株数的 30% 左右。然后视林分生长状况及培育目标,再间伐 1～2 次,强度为 20%～30%,间隔期 5—6 年。采用下层疏伐法,即砍伐在自然稀疏过程中将要被淘汰的树木,个别粗大干形不良的霸王木也要砍去,以免影响周围树木的生长。

四、杉类

一般有水杉、池杉、落羽杉、中山杉、柳杉等。水杉是我国特有的珍贵速生用材树种和园林观赏树种,原产于湖北利川及四川万县一带。华东地区在 20 世纪 40 年代中后期开始引种,是全国引种水杉最早的地区。据研究,华东引种的水杉生长量一般均超过原产地。水杉木材轻软疏松,耐腐蚀和抗压程度较差,不宜作建筑用材及造船材等,但其纤维较好,可在定向培育纸浆林方面进行研究探索。

(一) 水杉

1. 除草松土。水杉造林后应每年进行 2～3 次除草松土,在5—6 月及 8—9 月的水杉旺盛生长前期抚育最为适宜。

2. 整形修剪。水杉生长迅速,适应性强,喜光,顶端优势较强,树干通直,树形美观,材质轻软,纹理通直,病虫害较少,寿命长达数百年之久,具有很高的观赏价值,也是家具、胶合板及造纸的良好材料。在造林密度过大,尤其株行距小于 2 m 的林分,3—5 年内即显过密,植株挤压,生长受抑,侧枝大量枯死,此时,应及时整形修枝。一般树高 6～10 m 时修枝高度为树高的 1/4～1/3;树高 10～15 m 时,修枝高度为树高的 1/3～1/2。

3. 施肥。造林 2 年以后,在春季发芽前施肥一次。其次是在旺盛生长期前进行两次追肥,有利于促进生长。另外,水杉造林地的土壤肥力一般较低,可每年种植两季绿肥及豆科作物加以埋青以起到改良土壤的作用。

4. 抚育间伐。成片造林若采用 2 m×3 m 的株行距(或密度更大时间伐应提前),一般到第 10 年、第 15 年时各进行一次间伐,使植株距离分别调整为 3 m×4 m 及 4 m×6 m。注意保持完整冠形,防止因密度过大而造成自然整枝过大。

(二)池杉

池杉为喜光树种,落叶乔木,主干挺直,树冠尖塔形。原产北美东南部,主要分布于沼泽地带和河湖滩地。江苏是全国引种池杉最早、规模最大、最有成效的省份。据有关调查资料,江苏池杉的年平均生长量大致为 10 年生以下平均高生长量 0.7～0.9 m,年胸径生长量 0.6～0.8 cm,与原产地大致相似。池杉高生长一年只有一个高峰,出现在 5 月上旬至 7 月上旬,7 月中旬以后高生长逐渐减缓,粗生长加快,7 月下旬至 9 月为直径生长的高峰。

1. 年度管理。栽植当年抚育 2 次或 2 次以上,除草及松土。在干旱季节要浇水抗旱。林内最好间种粮、油或绿肥,直到林分郁闭为止。第 2—3 年每年除草中耕 1～2 次。除草松土不可损伤植株和根系,松土深度宜浅,不超过 10 cm。池杉的幼苗、幼树甚至大树常生长双梢,抚育管理时,要注意剪除其中生长细弱的一个梢头,仅留一个主梢向上生长。树冠下部生长不良的侧枝及在树冠内部显著影响主干生长的特别粗大的侧枝,都要及时剪去。

2. 间伐。当林分郁闭,林木下层出现枯死枝时,即可进行间伐,以下层间伐为主。第 1 次间伐强度为林分总株数的 25%～

35%,第 2 次为 20%～30%,间伐后林分郁闭度不小于 0.6,间伐间隔期 4—6 年,留下每亩 50～80 株保持到主伐。

第四节 退化林修复工作程序

"退化林修复"以作业设计为依据,应在以下流程的控制下规范进行:调查评价—确定模式—作业设计—审核(查)审批—施工管理—检查验收—总结经验等,各阶段技术要求如下:

一、调查评价

针对不同的退化林类型、成因和经营培育方向,通过实地调查和评估后,以小班为经营单元,确定适宜的经营培育方向、修复模式及具体的技术措施。

二、确定模式

综合考虑修复区域林种、树种、品种、林龄、树体以及立地条件和林分密度与空间上的现有情况,科学、合理地选择一种或几种修复模式。通过实施综合修复,达到改善林分结构,开发林地潜力,提高林分质量和效益水平的效果。

三、作业设计

按照明确的设计单位与单元、作业时限、设计内容和确定的修复模式与要求,编制作业设计。其中,小班现状调查与修复设计落实到小班表。作业设计除森林经营、人工造林等方面的常规技术要求外,还要根据修复类型、方式及环境,考虑各种修复模式和防治水土流失及有害生物源处理技术的作业要求。

四、审核（查）审批

按作业设计进行逐级报批。县级林业主管部门要根据产地条件、林分情况和业主愿望及能力，认真把好作业设计审查第一关。

五、施工管理

严格按照作业设计和批复，做好施工准备和现场管理，落实各项技术措施和监理制度，确保修复过程和技术方法符合规范要求。

六、检查验收

按照退化林修复年度检查验收办法规定、退化林修复技术规定和作业设计的要求，检查验收修复地点、面积、模式、实施情况与效果。

七、总结经验

及时总结退化林修复经验教训，不断完善办法和制度，推广先进技术和成功模式。"退化林修复"要加强技术培训。培训工作实行分级负责制。省级培训的对象为市、县（市、区）"退化林修复"工作的管理技术干部；县级培训的对象为具体从事"退化林修复"工作的管理人员、施工人员，以及有关林农或业主。

八、作业设计

退化林修复以业主为主体（设计文件的申报单位），以小班为基本单元。作业设计需经县（市、区）林业主管部门审核（查），上级林业主管部门审批，并以此作为施工作业、施工监理和检查验收的主要依据。

（一）作业设计期限

作业设计的期限为一个作业年度，即在当年度内实施有效。

（二）作业设计过程

过程分为资料搜集、外业调查（包括基础调查、小班调查）和内业设计。

（三）基础调查

包括拟修复区域的自然状况、社会经济状况、土地利用现状、森林资源状况与防护林现状、森林灾害情况、区域生态需求和农户意愿等。

（四）小班调查

1. 初步筛选。根据当地最新林地保护利用规划，结合最新森林资源"二类"调查和公益林区划界定成果，初步筛选出基本符合本规定第五条退化防护林标准要求的小班。

2. 现场踏查。通过现场踏查，剔除不符合本规定第五条要求的小班，并进一步确定出修复小班范围，以及小班内小型湿地、水库、湖泊、溪流分布情况和临近区内自然保护区、人文保留地、自然风景区、野生动物栖息地和科学试验地等位置情况。

3. 详细调查。内容包括地理位置、立地条件、植被类型、树种组成及龄组、郁闭度或灌木覆盖度、具有天然更新能力的树种与母树数量、幼树幼苗株数、生长指标、退化程度与成因、需要保护的对象和其分布或活动范围等。

4. 林分因子调查。在林分内可采用方形或长方形标准地调查法，每个标准地面积一般不小于 600 m²，标准地数量每个小班不少于 1 块，标准地合计面积不小于拟修复小班面积的 2%。林带可采用标准行或标准段调查法，调查株数一般不少于 50 株，且调查总株数不少于林带总株数的 5%。

5. 设计内容。包括基本情况（自然环境、社会经济条件、森林资源历史情况与演替变化）、设计原则和依据、退化林现状调查与评价、退化程度与原因、范围与布局、修复方式与技术措施（包括采伐作业设计、造林作业设计、林地基础设施设计）、施工安排与人员组织、管护措施、工程量与投资预算、效益评价、保障措施等。设计深度应达到满足施工作业的要求。

6. 设计成果。作业设计说明书详细说明"保护生物多样性"规定。

附图包括：①修复区森林现状分布图和退化林现状分布图（1：10 000～1：25 000），反映现有林和退化林现状；②以地形图或卫星遥感图像为底图的修复小班地理位置图（1：10 000～1：25 000），反映地理位置、地形地貌、交通状况；③以地形图或卫星遥感图像为底图的修复作业设计图（1：5 000 或 1：10 000），反映修复方式、采伐、造林等方面的作业设计；④造林模式示意图、林地基础设施施工设计图等。

附表包括修复小班调查设计卡、小班登记表、小班现状调查设计汇总表、林地基础设施设计表、投资预算表等。

九、施工与监理

(一) 施工准备工作

1. 经审批的作业设计是施工的主要依据，经营单位应根据设计的修复小班（地段）、施工时间安排，组织施工员进行现场踏勘，核实作业地块、修复方式以及抚育采伐、营造林、嫁接复壮、生物多样性与环境保护等技术措施的要求，做好器具、材料的准备，并明确每个修复小班、地段的作业指导员。

2. 开展施工员的上岗培训，包括作业流程、修复方式、林木采伐、营造林等方面的技术要求。

3. 采取抚育间伐、择伐作业的修复小班，严格按照设计要求，对采伐木逐一进行标记。

4. 小班中有国家级保护物种，应在施工卡片中注明保护物种的名称、分布、保护措施等。

（二）施工要求

1. 严格按照作业设计的区域范围、作业面积、修复方式、营造林方法、生物多样性与环境保护措施等要求开展施工。

2. 施工员在每个流程开始时进行现场示范和指导，让作业人员掌握有关技术要求。

3. 修复作业中清除的带病虫源的林木、枝丫，应及时就近隔离处理，防止病虫源的扩散与传播。

4. 修复过程中采用的种子、苗木均应达到国家标准规定Ⅰ、Ⅱ级的要求。

5. 按照设计要求，保护好作业区内的国家级保护植物。

6. 做好作业小班、地段的林地清理，创造有利于保留木、新植树苗的生长环境。

7. 作业过程中做好护林防火与施工安全工作。

（三）施工监理

退化林修复应实施监理制度，以保证作业过程中的过程控制与技术方法符合要求和施工作业的规范运行。

（四）检查验收

由实施单位的上级主管部门组织制定检查验收办法或细则，明确检查验收工作的组织及有关要求。根据设计文件组织检查验收。其内容主要包括：

1. 作业区的地点、范围、面积；

2. 修复方式；

3. 采伐作业实施情况；

4. 营造林作业实施情况；

5. 生物多样性与环境保护执行情况；

6. 病虫害防治等森林保护实施情况；

7. 其他修复技术要求的执行情况与效果；

8. 修复作业综合评价。

（五）监测与档案管理

实施退化林修复的林地应纳入森林资源监测体系,定期进行调查,掌握林地的动态变化,总结不同修复方式、技术措施的成效与经验。

退化林修复工程应建立详细的档案,档案内容主要包括以下部分:

1. 作业设计的说明书、图件、表册及批复文件等;

2. 调查设计卡片;

3. 小班施工卡片;

4. 施工监理卡片与报告;

5. 检查验收调查卡片与报告;

6. 财务概算、结算报表;

7. 修复前后及施工过程的影像资料;

8. 监测记录及报告;

9. 其他相关文件、记录及技术资料。

（六）实施退化林修复的经营单位,应建立专项技术档案,落实专人管理。以小班为基本单元建档,类型包括纸质和电子档案两种,并纳入信息化管理。实施单位和主管部门要高度重视档案管理工作,落实专人负责、专项管理,设计文件、批复及各项总结报告等重要资料要建立纸质档案与电子档案并行的管理模式。

示例图片:

图 4-1　江苏省泗洪县马浪湖退化林现场

图 4-2　退化林修复技术——杨树修枝

图 4-3　退化林修复技术——杨树施肥

图 4-4 退化林修复技术——松土除草

图 4-5 退化林修复技术——杨树复合经营

第五章　林业有害生物防控

第一节　林业有害生物概述

一、林业有害生物的概念

林业有害生物是造成林分衰退、林木衰弱的重要因子，对林业有害生物防治不及时、处理不当也会加剧灾害扩散蔓延。根据国家林业和草原局 2019 年第 20 号公告，全国共普查到对林木、种苗等林业植物及其产品造成危害的林业有害生物种类 6 179 种，其中，昆虫类 5 030 种，真菌类 726 种，细菌类 21 种，病毒类 18 种，线虫类 6 种，植原体类 11 种，鼠（兔）类 52 种，螨类 76 种，植物类239 种。

林业有害生物是指对林木生长发育有害的任何植物、动物或病原物的种、株（或品系）或生物型，主要包括病害、害虫、害鼠（兔）和有害植物等。林木病害指林木受侵染性病原和非侵染性病原等致病因素的影响，造成生理机能、细胞和组织的结构以及外部形态上发生局部或整体变化。林木虫害指林木的叶片、枝条、树干和树根等单一或多个部位被森林害虫取食危害，造成生理机能以及外部形态上发生局部或全体变化的现象。根据昆虫取食危害的部位不同，分为叶部虫害、枝干部虫害和根部虫害。林木鼠害指林木的根部、干部、枝条或种实遭受鼠（兔）的啃咬，影响林木正常生长甚至死亡的现象。有害植物指已经或可能使本地经济、环境和生物多样性受到伤害，或危及人类生产与身体健康的植物种类。

二、林业有害生物的危害

我国林业有害生物不仅种类多、分布范围广,而且造成的危害具有很强的隐蔽性、潜伏性、暴发性和毁灭性。特别是近年来,受经济全球化和贸易自由化、人流物流日趋扩大及气候变化等因素的影响,外来林业有害生物入侵我国种类频次增多、传播危害加剧,本土林业有害生物适生范围不断增大,发生期提前,世代数增加,发生周期缩短,呈现出加重加剧的趋势。林业有害生物被称为"不冒烟的森林火灾",其造成的损失远远超过森林火灾,因此,林业有害生物是森林的头号敌人,严重威胁着我国的森林安全、国土生态安全、经济贸易安全和食用林产品安全,成为影响林业高质量发展和生态文明建设的心腹之患。

三、林业有害生物严重发生的原因

造成我国林业有害生物严重发生的原因是多方面的,归纳起来主要有以下几个方面。

(一)国际、国内物流频繁致使境外有害生物入侵风险增大。作为全球性问题,外来有害生物入侵已受到世界各国高度重视。我国是外来有害生物入侵频繁发生并造成严重灾害的国家之一,生态环境部发布的《2019中国生态环境状况公报》显示,我国已发现的外来入侵物种有660多种,其中71种对自然生态系统已造成或具有潜在威胁,并被列入《中国外来入侵物种名单》。这些外来有害生物的入侵给我国的生态环境、生物多样性和社会经济造成巨大的危害。

(二)灾害性天气的频发导致以气候因素为诱导的林业有害生物暴发成灾。高温干旱、洪涝之灾、冻害、寒害等灾害性天气一旦出现就会诱发相关林业有害生物的大发生。由于林木对气候变化的适应速度远远低于有害生物对气候变化的适应速度,气候的微小扰动都可能对林业生态系统的结构和演替过程产生巨大影响,其中林业害虫发生是重要的响应过程。

（三）大面积的人工纯林抵御林业有害生物的能力较差。近些年来，我国造林速度明显加快，人工林面积占森林面积的 30％ 以上，这其中人工纯林的面积又占人工林面积的 60％ 以上，林分结构单一，生物多样性单纯，生态系统稳定性差，自控能力弱等极易导致林业有害生物的发生。加之经营管理粗放，集约化经营程度较低，一些林分长期处在亚健康状态，抵御林业有害生物侵害的能力较低。

（四）对林业有害生物认识不到位，不能做到及时有效控灾。林业有害生物的发生、发展和危害有其自身的规律性，由于对这些规律性掌握得不够，预见性和预防性不到位，使防治工作处于被动局面，加之防治资金投入不足，防治设备相对老化，防治手段提升缓慢等因素，对一些林业有害生物难以做到及时控灾和减灾。有时由于采用的防治方法不够科学，甚至出现年年防治、年年发生的情况，或者出现目标害虫控制住了，但其他害虫接续发生的局面。

四、林业有害生物防治对策

（一）科学造林，积极营造健康森林。一方面，要通过科学的理念、技术、标准，坚持适地适树原则，广泛选用优良品种和乡土树种，挑选优质苗木，增强对病虫的抵抗力，着力培育健康稳定的森林生态系统。改变人工林营造方式，逐渐由纯林向混交林转变，改善森林生态环境，增加林内生物多样性，解决林木难以抵抗病虫危害的问题。另一方面，要科学编制森林经营规划，实施森林质量精准提升工程，加强抚育管理，着力抓好低质低效林改造、退化林分修复，不断优化提升现有森林资源质量和功能。

（二）加强测报，科学指导防治工作。监测预报是林业有害生物防治的基础环节，必须把林业有害生物监测预报工作放在首位。要以全面、及时、准确地掌握林业有害生物动态作为基本目标，确定专人、固定地块、明确对象、指定方法、定时调查,做到及时发现,及时除治。首先,要对各级测报人员进行定期或不定期的岗位技术培训,提高测报人员的专业知识和技术水平,提高林业有害生物预测预报体系的整体管理和科技水平,应用先进的监测仪器和技术对林业生物进行快速、准确的病虫情预报。其次,定期全面开展辖区林业有害生物普查,建立健全当地林业有害生物数据库,并对检疫性、危险性生物及其他林业有害生物进行分类管理。再次,要加强林业有害生物测报信息网络管理和测报制度建设,加大基础设施和仪器设备特别是智能设备的投入,对主要林业有害生物进行监测和短、中、长期预报。

(三)严格检疫,阻截病虫传播蔓延。许多林业有害生物的自然传播距离有限,但可随苗木、交通工具、人为活动等进行远距离传播,因此植物检疫工作显得尤为重要。严格执行林业植物检疫工作的法律法规,切实加强产地检疫、调运检疫及落地复检工作,封锁检疫性、危险性林业有害生物的传播扩散,筑牢生态保护的第一道屏障。同时要加强《植物检疫条例》等法规和林业植物检疫工作重要性的宣传,定期开展专项检疫执法检查,依法严肃处理违法违纪案件,对于检疫违法行为应严抓重管,严防林业有害生物人为传播扩散。

(四)加强研判,多措并举提高防效。新时代对林业有害生物的防控工作提出新要求,需要我们在防控过程中贯彻新理念、实现新目标、展现新作为。一是积极开展预防性除治。抓早防小,在准确监测预报基础上,密切关注低虫口低感病区域,将防治关口前移,在病虫大发生前提前介入,积极预防,提高防治效果,防患于未然。二是加大专业防治力度。通过政策引导、部门组织、市场拉动等途径,扶持和发展专业公司、专业队等多形式、多层次的社会化防治组织,探索开展有偿承包防治,支持开展专业化统防统治,提高防治水平和防治效果。三是推进生态防治技术。根据病虫对某些物理因素的本能性反应,利用激光、红外线、高频电流、太阳能、辐射能、超声波及微波等杀菌治虫,该类方法除直接杀死病原菌和害虫外,还可造成昆虫不育。另外加强生物防治,就是利用一种生物对付另外一种生物的方法,大致可以分为以虫治虫、以鸟治虫和以菌治虫三大类,可以达到治标更治本的效果。

（五）加大投入,保障防控工作需要。林业有害生物防控工作资金是保障、队伍是关键、科技是支撑。一是加大防治资金投入。坚持"以地方投入为主,国家补助为辅"的投入原则,各级政府要将林业有害生物防治工作纳入当地防灾减灾计划,加大防控资金投入。同时还要按照"谁经营,谁防治"的责任制度,广泛动员、吸引全社会参与,由国家、集体、个人多层次、多渠道投入。二是加强体系队伍建设。林业有害生物防治工作是一项系统工程,涉及面广,目前基础设施和人员队伍建设不能适应林业高质量发展需要,急需建立健全体系,组建专群结合的应急防治队伍,储备必要的应急防治设备、药剂,做到灾害一旦发生,能够快速响应、积极应对,把灾害控制在最小范围。三是加强科技支撑作用。林业高等院校和科研院所应加强对外来有害生物入侵预警、快速检验检测技术、林业有害生物发生(成灾)机理、营造林控制技术、有害生物生态控制等的研究,积极推广高效低毒低残留药剂、新型先进器械、简单实用技术,推进林业有害生物防治的科学化。

第二节　主要林业有害生物防治

本节重点介绍美国白蛾和松材线虫病两种检疫对象,并根据病虫主要危害部位,介绍几种其他常见林业病虫。

一、美国白蛾

（一）发生和危害

美国白蛾（*Hyphantria cunea*）是一种食性杂、繁殖量大、适应性强、传播途径广、危害严重的世界性检疫性害虫（见图 5-1）。美国白蛾原本生活在美国、墨西哥和加拿大等北美洲国家，1979 年在我国辽宁省丹东市首次发现该虫，据国家林业和草原局 2023 年第 5 号公告，美国白蛾已扩散到我国北京市、天津市、河北省、内蒙古自治区、辽宁省、吉林省、上海市、江苏省、浙江省、安徽省、山东省、河南省、湖北省、陕西省 14 省（自治区、直辖市）。

图 5-1　美国白蛾（A 成虫　B 卵　C 幼虫　D 蛹）

美国白蛾 1 年发生 2～3 代，1～4 龄幼虫一直生活在网幕中，4 龄末的幼虫食量大增，5 龄以后分散为单个个体取食并进入暴食期,群集寄主叶上吐丝结网幕,在网幕内取食叶肉,受害叶片成白膜状(见图5-2);老龄幼虫食叶成缺刻或孔洞,严重时树木被食成光杆,林相残破,树势衰弱(见图5-3)。

图5-2　美国白蛾网幕　　　　图5-3　杨树叶片被美国白蛾取食殆尽

(二) 综合防治技术

美国白蛾的防治要抓住"三个时机"(第1、2、3代幼虫为害期)、"四个环节"(成虫羽化期、卵期、幼虫网幕期和下树化蛹期),采取检疫预防和人工、物理、化学、生物防治相结合的综合防治技术措施。要重点抓好越冬代成虫和第1代幼虫的防治工作。

1. 检疫措施

积极开展产地检疫,把疫情扑灭在货物或苗木调运之前。疫区内的森林植物及其产品,未经林业检疫部门批准,不得擅自运出疫区。要充分发挥木材检查站、检疫检查站和美国白蛾疫情监测临时检查站的作用,加强对从疫区调出的森林植物及其产品和包装材料的检疫检查,发现携带美国白蛾的必须依法处置,及时进行除害处理。各级林业植物检疫机构必须加强对货物集散地、集贸市场的检疫检查和复检,防止疫情扩散蔓延(见图5-4)。

2. 人工物理防治

人工捕蛾。根据刚羽化的成虫对直立物敏感这一特性,在成虫羽化期,组织群众于每日黄昏或清晨在电杆、树干、墙壁等直立物上捕蛾扑杀(见图5-5、图5-6)。

图 5-4　产地检疫

图 5-5　树干上的美国白蛾成虫　　图 5-6　墙壁上的美国白蛾成虫

　　摘除卵块。在美国白蛾卵期,用人工摘除的方法,将带卵的叶片摘除,就地焚烧或用脚搓(见图 5-7)。

　　挖蛹灭虫。利用美国白蛾集中在砖瓦、石块、瓦砾下,草堆、草垛中化蛹的习性,在美国白蛾蛹期,组织群众将蛹挖出,集中销毁(见图 5-8)。

图5-7 人工摘除美国白蛾卵块

图5-8 砖缝中的美国白蛾蛹

剪除网幕。在美国白蛾3龄幼虫前,每天或隔天查找一遍美国白蛾幼虫网幕。发现网幕用高枝剪将网幕连同小枝一起剪下。剪网时要特别注意不要造成破网,以免幼虫漏出。剪除的网幕要就地焚烧或用脚踏死幼虫(见图5-9)。

图5-9 剪下的美国白蛾网幕

图5-10 人工绑草把

围草诱蛹。在老熟幼虫化蛹前,在树干离地1~1.5米处,用谷草、稻草或草帘,按照上松下紧围绑起来,诱集幼虫化蛹(见图5-10)。待美国白蛾老熟幼虫化蛹结束后,将草把中的蛹捡出集中销毁。(见图5-11)。

图 5-11　美国白蛾在草把中化蛹

灯光诱杀。在村庄四旁、林带及片林内,相隔 400 米左右,将杀虫灯悬挂树上,距地面 2～3 米高处,挂灯处要求无高大障碍物,每天从 19 时至次日 6 时开灯诱杀(见图 5-12)。

图 5-12　杀虫灯诱蛾

3. 生物防治

苏云金杆菌（BT）。对 4 龄前幼虫喷施苏云金杆菌。50 000 IU/mg 苏云金杆菌原药，稀释 1 000~1 500 倍喷雾；8 000 IU/mg、16 000 IU/mg 苏云金杆菌可湿性粉剂，每公顷用药 1 000~1 500 克喷雾。

美国白蛾核型多角体病毒。适用于防治 2~3 龄美国白蛾幼虫，使用制剂浓度为 2×10^7~3×10^7 PIB/ml。

周氏啮小蜂。选择气温 20℃ 以上的无风或微风天气，在上午 10 点至下午 4 点，按美国白蛾和周氏啮小蜂 1：3 的比例进行放蜂。防治美国白蛾第 1、2 代蛹时可以放两次小蜂：一次是在幼虫开始下树的时候，第二次是在幼虫化蛹初期；防第 3 代美国白蛾蛹时只放一次小蜂，时间在老熟幼虫化蛹前。释放方法：一是将寄生茧放在玻璃容器中，待其全部羽化，直接将容器放在树干基部，拔开棉塞，让小蜂自行飞出；二是用皮筋将人工繁育的刚开始羽化出蜂的寄主茧套挂或直接挂在树枝上，或用大头针钉在树干上，或放在草把中，小蜂自行羽化飞出（见图 5-13）。

图 5-13　把已被周氏啮小蜂寄生的柞蚕茧钉在树干上

4. 性信息素引诱

在美国白蛾轻度发生区，利用美国白蛾性信息素，在美国白蛾成虫期诱杀其雄性成虫。春季，诱捕器设置高度以树冠下层枝条（2~2.5 米处）为宜（见图 5-14）；在夏季，以树冠中上层（5~6 米处）设置最好。每 100 米设一个诱捕器，诱集半径为 50 米。诱芯要定期更换,一般每代美国白蛾更换一次。

图 5-14　悬挂性诱捕器诱集美国白蛾成虫

5. 化学防治

仿生制剂防治。①使用 25% 灭幼脲悬浮剂。地面喷雾每亩用量 30~40 克,稀释 1 500~2 000 倍。②使用 20% 杀铃脲悬浮剂。地面防治每公顷用药 100~120 克,稀释 7 000~8 000 倍液使用(见图 5-15)。③使用 25% 甲维·灭幼脲悬浮剂。飞机喷雾防治,

图 5-15　高扬程喷雾防治

每亩用量 50 克药液＋150 克水＋5～10 克沉降剂（见图 5-16）。

植物源杀虫剂防治。①使用 1％苦参碱可溶性液剂。地面常量喷雾每亩用药 20～25 毫升，稀释 1 200～1 500 倍；喷烟机防治用柴油稀释，药剂与柴油的比例为 1：10～20（见图 5-17）。②使用 1.2％苦·烟乳油。地面常量喷雾每亩用药 30 毫升，稀释 800～1 000 倍；超低量喷雾每亩用药 30～35 毫升，稀释 2～3 倍；喷烟机防治用柴油稀释，药剂与柴油的比例为 1：9。

图 5-16　飞机喷药防治

图 5-17　喷烟防治

打孔注药防治。在树干基部以 45 度角打孔，打孔数量一般胸径 10 厘米以下 2～3 个孔，胸径每增加 5 厘米增加 1 个孔。注药量视树干大小而定，平均每厘米注药 0.5～1 毫升（见图 5-18）。

药剂种类有阿维菌素、乙酰甲胺磷、森得保 3～5 倍液，每孔注药 5～8 毫升，幼虫为害期每隔 7～8 天注一次，连注 2～3 次。

涂毒环防治。在老熟幼虫下树化蛹前，用菊酯类药剂加机油或柴油，按照 1：10 比例混匀后，在树干 1～1.5 米高处，用毛刷涂抹 10～15 厘米宽的药环，每隔 7 天涂一次，连涂 2 次（见图 5-19）。

图 5-18　打孔注药防治　　　　图 5-19　涂毒环防治

二、松材线虫病

(一) 发生和危害

松材线虫病亦称松树萎蔫病或松树枯萎病(pine wilt disease),是由松材线虫(*Bursaphelenchus xylophilus*)侵染松树并导致树木迅速死亡的一种危险性森林生物灾害。该病主要危害松属植物,马尾松、黑松、赤松、华山松、云南松、黄山松、油松、红松等大多是易感的,亦可危害少数非松属针叶树。在我国,自1982年首次在南京中山陵死亡的黑松上发现松材线虫以来,据国家林业和草原局2023年第7号公告,松材线虫病已扩散到辽宁省、吉林省、江苏省、浙江省、安徽省、福建省、江西省、山东省、河南省、湖北省、湖南省、广东省、广西壮族自治区、重庆市、四川省、贵州省、云南省、陕西省、甘肃省19省(自治区、直辖市)。

松树受害后外部典型症状是针叶变为红褐色,全株很快枯萎死亡,病叶长时间不脱落,树脂分泌停止,材质干枯变轻,木质部常有蓝变现象(树干横截面上呈放射状蓝色条纹或全部蓝变)(见图5-20)。其发展过程可人为地分成四个阶段:第一阶段,外观正常,树脂分泌减少或停止,蒸腾作用下降;第二阶段,针叶开始变色,树脂分泌停止,通常能观察到天牛或其他甲虫侵害和产卵的痕迹;第三阶段,大部分针叶变为黄褐色,萎蔫,通常可见到甲虫的蛀屑;第

图 5-20　木质部蓝变现象

四阶段,针叶全部变为黄褐色或红褐色,被害树整株干枯死亡(见图 5-21)。

(二)综合防控技术

松材线虫病的发生与否既与寄主植物、病原线虫、媒介昆虫是否同时存在有关,也与上述三者共存的生态环境是否有利于病害的发生和发展有关,生态环境作为病害发生发展的外部条件,对寄主、病原、媒介昆虫等三个因素都产生影响,也对三个因素的相互作用有综合影响,形成一个四面体关系的病害系统(见图 5-22)。所有防治技术的原理就是千方百计破坏这种病害关系,抑制病害发生,促进寄主健康。

1. 检疫

人为传播是该病害扩散蔓延的主要原因,因此,加强检疫措施是防治松材线虫病的首要对策。一是各口岸加强对进口松木及其制品的检疫,防止病害从国外传入;二是加强内检,严防疫情在国内疫区与非疫区之间传播。疫区内松材及其制品必须经除害合格后方可使用,否则一律严禁外运,防止病害传出;与疫区毗邻的非疫区,要加强边界地段的定期监测工作,防止病害传入。

外观正常，树脂分泌减少或停止，蒸腾作用下降，在嫩枝上往往可见松墨天牛啃食树皮的痕迹

针叶开始变色，树脂分泌停止，除松墨天牛补充营养的痕迹外，还可发现产卵刻槽。

大部分针叶变为黄褐色，萎蔫，可见松墨天牛的蛀屑。

针叶全部变为黄褐色或红褐色，病树整株干枯死亡。

图 5-21　松材线虫病危害症状

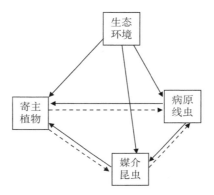

图 5-22 四面体关系的松材线虫病害系统

2. 针对病原的防治措施

清理和处理林间病死树,清除或减少侵染源。彻底清理病死木、枯死木(包括濒死木、衰弱木、被压木等)。所有梢头、直径 1 厘米以上的枝桠都要清理干净,烧毁或掩埋;所有伐桩都要挖除或覆盖处理;干材可以在严格监管之下进行安全利用。所有清理工作必须在天牛羽化前完成(见图 5-23)。

用药剂抑制树体内松材线虫繁殖。对于风景区的观赏树种或名贵树种,可注射或根施药剂进行预防和治疗。目前有虫线光、线虫灵等杀线剂,都有一定疗效(见图 5-24)。

3. 针对媒介天牛的防治措施

在空中与地面喷药防治天牛成虫。选用一些长效缓剂型药物防治松墨天牛,对大面积发病林分用飞机喷药防治,对零星感病松树进行地面防治。

杀灭原木中天牛幼虫。对砍伐的病树原木,可采用熏蒸、热烘、切片、烧毁等措施杀灭幼虫。所有处理必须在天牛羽化前结束。

图 5-23　疫木处理

（A. 病材清运下山，B. 集中烧毁疫木，C. 伐桩处理，D. 切片）

图 5-24　注射药剂抑制松材线虫

使用引诱剂。在林间挂设松墨天牛诱捕器,可减少松墨天牛种群数量。根据松墨天牛成虫的趋性,采用引诱剂或饵木与杀虫剂相结合的诱杀方法是近几年发展较快的一项技术。它不仅是虫情、病情预测预报的有效手段,而且因其成本相对较低,使用方便、安全,大面积应用可以降低天牛种群数量,减少松材线虫传播。从松墨天牛成虫羽化初期开始,根据林相、立地条件、气候因子,选择地势较高、通风情况较好、便于作业的位置(林道、山脊)悬挂诱捕器,直至羽化完毕(见图 5-25)。

图 5-25 在林间设置诱捕器

图 5-26 天敌繁育场规模化生产管氏肿腿蜂

生物防治:

①人工释放肿腿蜂。管氏肿腿蜂(*Scleroderma guani*)是松墨天牛的主要天敌,寄生 1~2 龄天牛幼虫,可抑制松墨天牛种群数

量,在防治松墨天牛方面具有较大的开发潜力(见图5-26)。肿腿蜂释放的方法有点株式放蜂法和点式放蜂法两种。通过研究肿腿蜂的野外生物学、释放技术、防治效果及在大面积防治中的应用发现,点株式放蜂法的寄生效果要明显地高于点式放蜂法。一般选择在天牛幼虫尚未化蛹之前,近期无雨、风力不大、气温在25℃以上的晴好天气释放肿腿蜂(见图5-27)。

图5-27　在林间释放管氏肿腿蜂

　　②利用白僵菌防治松墨天牛。白僵菌属于广谱性的昆虫病原微生物,但是不同的菌株有其不同的专化性,通过生物测定筛选高毒力菌株是野外试验获得成功的基础。白僵菌对环境和温血动物无害,易于培养,原料价廉易得,杀虫谱广,致病性强,从而成为目前国内应用最广泛的昆虫病原真菌。近年来,利用球孢白僵菌防治松墨天牛已有很多的报道,在高毒力菌株筛选、施用剂型、发酵工艺、林间释传技术等方面不断取得重要进展。利用白僵菌防治松墨天牛主要有直接喷洒白僵菌孢子液、无纺布菌条处理及小蠹虫传菌等3种方式(见图5-28)。

图 5-28　在林间挂无纺布菌条

4. 寄主的防治措施

选用抗病树种或非寄主植物更新疫点。结合低产林改造和森林抚育,对重点防治区外围疫区、其他疫区内相对孤立、松林比例小的疫点和严密监控区的交通沿线、输电通信线路、大型企业、仓库、码头、车站、驻军营房、木材加工厂、大型建筑工地和电视发射台等人为活动频繁地区的松树林分,实施林分改造,优化林分结构,降低松材线虫病的危害。

三、叶部害虫

(一)杨小舟蛾

1. 发生和危害

杨小舟蛾(*Micromelalopha sieversi*),又名杨小褐天社蛾、杨褐天社蛾、小舟蛾,分布在北京、河北、山西、辽宁、吉林、黑龙江、江苏、浙江、安徽、江西、山东、河南、湖北、湖南、四川、云南等地,杨小舟蛾初龄幼虫,群集叶面,啃食表皮。幼虫长大后,分散取食,将叶片咬成缺刻、孔洞,严重时把树叶吃光(见图 5-29)。

2. 防治方法

营林措施预防。由于杨小舟蛾以蛹缀叶越冬,越冬蛹比较集

图 5-29　杨小舟蛾(A 成虫　B 卵　C 幼虫　D 蛹)

中分布在树下枯叶中,直到翌年 4 月上中旬羽化。因此,通过清除落叶能有效消灭越冬蛹,也可以在冬季耕翻土壤,压低越冬基数。

杀虫灯诱杀。由于杨小舟蛾有较强的趋光性,利用这一习性,可在杨树林地设置杀虫灯,诱杀成虫,控制发生量。

药剂喷雾防治。幼虫发生期,可使用 25% 甲维·灭幼脲 1 000 倍液、12% 噻虫嗪、4.5% 高效氯氟氰菊酯 1 000～2 000 倍液喷雾防治。

放烟防治。树体高大,难行车的郁闭林分,用 10 倍敌敌畏配加 100 倍高效氯氰菊酯混剂(以柴油为溶剂),用背负式喷烟机选择无风天气放烟防治,或选择无人机等进行飞防作业。

打孔注药防治。胸径大于20厘米的杨树,也可采用10～20％浓度的内吸性的甲维盐或有机磷农药(如乙酰甲胺磷等)树干打孔注射施药,每厘米胸径注药1～2毫升,注药后要用湿泥封孔。

生物防治。舟蛾赤眼蜂、舟蛾群瘤姬蜂对杨小舟蛾卵、幼虫有一定抑制作用。

(二)杨扇舟蛾

1. 发生和危害

杨扇舟蛾(*Clostera anachoreta*),又名杨天社蛾、白杨天社蛾,分布在北京、河北、山西、辽宁、江苏、山东、河南、四川、陕西等地。杨扇舟蛾初龄幼虫,群集叶面,啃食表皮。幼虫长大后,吐丝缀叶,形成大的虫苞,隐藏其中取食,随后分散蚕食,危害严重时可把叶片全部吃光(见图5-30)。

图5-30　杨扇舟蛾(A 成虫　B 卵　C 幼虫　D 蛹)

2. 防治方法

同杨小舟蛾。

(三) 仁扇舟蛾

1. 发生和危害

仁扇舟蛾(*Clostera restitura*),分布在上海、江苏、浙江、福建、湖南、广东、广西、海南、云南等地。幼虫取食杨、柳、白桦的叶片,常把树叶吃光,影响树木生长(见图 5-31)。

图 5-31 仁扇舟蛾(A 成虫　B 卵　C 幼虫　D 蛹)

2. 防治方法

灯光诱杀。利用成虫趋光性,用杀虫灯诱杀成虫。

人工摘叶。利用初孵幼虫有群集于叶片的习性,及时摘除有虫叶,集中销毁。

喷药防治。对于幼虫最好在 3 龄前施药,可喷雾 10％溴氰菊酯 2 000 倍、20％除虫脲 6 000 倍、25％灭幼脲 1 000 倍和 1％阿维菌素 6 000 倍等。在整个幼虫期喷洒 50％辛硫磷乳剂 1 000 倍液、10％氯氰菊酯乳剂 2 000 倍液，效果良好。

天敌防治。卵期天敌有黑卵蜂、舟蛾赤眼蜂，幼虫期有绒茧蜂。幼虫的鸟类天敌有杜鹃、白头翁、黄鹂等。

（四）黄刺蛾

1. 发生和危害

黄刺蛾（*Monema flavescens*）又名洋辣子、八角虫，分布几乎遍布全国各省（自治区、直辖市）。黄刺蛾食性杂、寄主多，幼虫危害杨、柳、桑、榆等几十种树木。常将树叶吃成孔洞、缺刻，对树木生长影响很大（见图 5-32）。

图 5-32　黄刺蛾(A 成虫　B 幼虫　C 茧)

2. 防治方法

人工防治。幼龄幼虫多群集取食，被害叶显现白色或半透明斑块等，此时斑块附近常栖有大量幼虫，及时剪除带虫枝叶，消灭虫源，效果明显。老熟幼虫沿树干下行至干基或地面结茧，可采取树干绑草把等方法及时予以清除。

灯光诱杀。大部分刺蛾成虫具较强的趋光性，可在成虫羽化期用灯光诱杀。

化学防治。幼龄幼虫对药剂敏感，可喷洒 25％灭幼脲 1 000 倍液、1.8％阿维菌素 1 000 倍液、50％辛硫磷乳剂 1 000 倍液、2.5％溴氰菊酯乳油 3 000 倍液等。

生物防治。天敌主要有上海青蜂、刺蛾广肩小蜂、刺蛾紫姬蜂、螳螂等。

(五) 黄缘绿刺蛾

1. 发生和危害

黄缘绿刺蛾(*Parasa consocia*),别名褐边绿刺蛾、绿刺蛾、青刺蛾,分布在河北、陕西、内蒙古、辽宁、吉林、黑龙江、江苏、浙江、安徽、福建、江西、山东、河南、湖北、湖南、广东、广西、陕西等地。危害杨、柳、悬铃木、刺槐、榆、枫杨、白蜡、泡桐等林木。幼虫取食叶片,低龄幼虫取食叶肉,仅留表皮,老龄时将叶片吃成孔洞或缺刻,有时仅留叶脉和叶柄,严重影响树势(见图5-33)。

图 5-33 黄缘绿刺蛾(A 成虫 B 幼虫)

2. 防治方法

人工防治。幼虫群集为害期人工剪除枝叶灭杀,幼虫下树越冬期人工捕杀老熟幼虫及茧、蛹。

黑光灯防治。利用成虫趋光性,在成虫羽化期用灯光诱杀成虫。

生物防治。可利用颗粒体病毒、白僵菌、BT 生物农药防治。

药剂防治。幼虫发生期可喷洒 90% 晶体敌百虫、80% 敌敌畏乳油、50% 马拉硫磷乳油、25% 亚胺硫磷乳油,也可喷洒 1% 苦参碱、25％灭幼脲、25％阿维灭幼脲、1.8％阿维菌素、0.2％甲维盐等植物源杀虫剂或仿生制剂,还可选用50％辛硫磷乳油1 400倍液、2.5％鱼藤酮300～400倍液。

(六)黄翅缀叶野螟

1. 发生和危害

黄翅缀叶野螟(*Botyodes diniasalis*),又名杨黄卷叶螟,分布在河北、山西、辽宁、山东、河南、江苏、广东等地。以幼虫在杨、柳的嫩梢上吐丝缀叶为害,受害叶被幼虫吐丝缀连呈饺子状或筒状,受害枝梢呈"秃梢",对树势影响较大(见图5-34)。

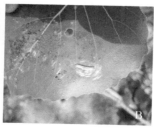

图5-34　杨黄卷叶螟(A 成虫　B 幼虫　C 蛹)

2. 防治方法

灯光诱杀。设置黑光灯诱杀成虫。

药剂防治。在幼虫3龄期前,用3％高渗苯氧威乳油3 000倍液、25％灭幼脲乳油2 000倍液、50％辛硫磷乳油1 500倍液喷雾防治。幼虫大量发生时,用90％晶体敌百虫800～1 000倍液喷雾,迅速控制虫口密度。

生物防治。杨黄卷叶螟的天敌,卵期有赤眼蜂,幼虫期有球孢白僵菌、寄生蝇等。

(七)杨白潜蛾

1. 发生和危害

杨白潜蛾(*Leucoptera sinuella*),别名杨白潜蛾、潜叶虫、夹皮虫,分布在北京、河北、内蒙古、辽宁、吉林、黑龙江、山东、河南、江苏等地。可为害柳、杨属植物,是一种重要的林木害虫,以幼虫危害叶片,叶片被潜食处形成中空的大黑斑,虫害严重时,大部分叶片变黑且呈焦枯状,易早落,对树木生长影响大(见图5-35)。

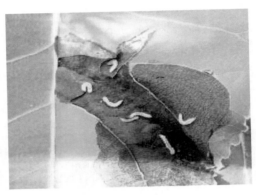

图5-35 杨白潜蛾幼虫

2. 防治方法

营林措施。因地制宜地选择较抗虫品种栽培。加强栽培管理,合理密植,增强树势,提高植株抵抗力。同时,营造混交林可有效降低病虫害的危害程度。

灯光诱杀。利用成虫有趋光性,在成虫发生期,设置黑光灯诱杀成虫。

化学防治。成虫产卵期和幼虫孵化期,喷洒0.2%甲维盐1 500~2 000倍液、1.8%阿维菌素2 000~2 500倍液、25%灭幼脲600~800倍液、2.5%溴氰菊酯3 000~5 000倍液、80%敌敌畏1 500~2 000倍液等。

保护和利用天敌。杨白潜蛾的天敌有寄生蜂和寄生蝇。

四、枝干害虫

(一)光肩星天牛

1. 发生和危害

光肩星天牛(*Anoplophora glabripennis*)又名天水牛、黄斑星天牛,分布在北京、天津、河北、山西、内蒙古、辽宁、吉林、黑龙江、上海、江苏、浙江、安徽、福建、江西、山东、河南、湖北、湖南、广东、广西、重庆、四川、贵州、云南、西藏、陕西、甘肃、青海、宁夏、新疆等地。以幼虫蛀食杨、柳、榆、桑、五角枫、七叶树、悬铃木、糖槭等树的枝干,尤以杨、柳为主要树种的农田林网、四旁植树、行道树等普遍发生,危害严重;被害处易感染病害,使被害树木千疮百孔,常造成风折或枯死,使木材失去利用价值(见图 5-36)。

图 5-36　光肩星天牛(A 幼虫　B 成虫)

2. 防治方法

清除林地周围的虫源木,减少感染源。加强水肥管理,提高树木对害虫的抵抗能力。保护和利用光肩星天牛的天敌花绒坚甲和啄木鸟。在成虫出现高峰期,使用 48% 噻虫啉悬浮剂 300 倍液、2% 噻虫啉微囊悬浮剂 200 倍液喷雾、1% 噻虫啉微囊颗粒剂喷雾,也可使用 10% 溴氰菊酯 2 500 倍液喷树冠毒杀成虫。在幼虫期,用 50% 杀螟松乳剂 200 倍液,喷树干杀死初龄幼虫,或用磷化锌毒签插虫孔等,均可杀死大龄幼虫。

(二)桑粒肩天牛

1. 发生和危害

桑粒肩天牛(*Apriona rugicollis*)又名桑天牛,褐天牛,分布在北京、河北、辽宁、江苏、上海、浙江、安徽、福建、山东、河南、湖北、湖南、广东、广西、四川、陕西等地。桑天牛是桑树、构树、杨树、柳树、榆树、枫杨等多种林木的重要害虫,对杨树、柳树、桑危害最烈。以幼虫蛀食枝干,轻者影响树木生长重者整株死亡。成虫羽化后需补充营养而取食嫩树皮、嫩枝条(见图 5-37)。

图 5-37　桑粒肩天牛成虫

2. 防治方法

营林技术是防治天牛的基础性措施,营造混交林,使之形成对天牛有抗性的林分。林地周围 1 000 米范围内清除桑、构树等桑科乔本植物,断绝成虫的补充营养源,或在林地周围适当保留桑、构树作诱饵,成虫出现期在诱饵树上喷药杀死成虫或人工捕捉成虫。

灭杀成虫。在成虫出现高峰期,使用 48% 噻虫啉悬浮剂 300 倍液、2% 噻虫啉微囊悬浮剂 200 倍液、8% 绿色威雷触破式微胶囊剂 200～300 倍液喷洒树干及大枝,毒杀成虫。

人工灭卵。天牛在产卵前须先刻卵槽。卵槽一般都刻在当年所抽出的新枝条中部,可用小锤敲击刻槽,或用小刀挑开皮层,将卵刺破即可。

刺杀幼虫。发现树冠下有排泄物或发现枝干上有排泄孔时,可用尖细铁丝从新鲜虫孔处插入,反复在洞道内扎刺,以杀死幼虫。也可用小刀或螺丝刀等硬而锋利的刀器,将虫道剔开,把乳白色的幼虫杀死。

毒杀幼虫。幼虫期可用磷化锌毒签插入蛀道内熏杀,或在蛀孔内投放56%磷化铝片,也可用注射器将药液直接注入有新鲜虫粪的虫孔中,药物可用30%氯胺磷3倍液或80%敌敌畏乳剂加柴油(1∶20)。注意施药前应将排粪孔清理干净,施药后要用黏泥封塞虫孔。

保护和利用天敌。卵期寄生性天敌有长尾啮小蜂,幼虫捕食性天敌有啄木鸟等。

(三)云斑白条天牛

1. 发生和危害

云斑白条天牛(*Batocera lineolata*),又名云斑天牛,分布在北京、河北、江苏、浙江、安徽、福建、江西、山东、河南、湖南、广东、广西、四川、贵州、云南、陕西、甘肃、新疆等地。云斑白条天牛是我国长江中下游及周边省区杨树人工林的重要蛀干害虫,同时也在其他省区严重危害杨树、柳树、榆树、白蜡、枫杨、悬铃木等几十种树木(见图5-38)。

2. 防治方法

捕杀成虫。成虫白天在寄主树干上活动,傍晚后在树干上产卵,可进行人工捕杀。

人工灭卵。在幼虫蛀入木质部前,以锤子敲击产卵刻槽,锤杀卵及初孵幼虫。

药剂防治。成虫盛期,在成虫出现高峰期,使用48%噻虫啉悬浮剂300倍液、2%噻虫啉微囊悬浮剂200倍液喷雾,或使用1%噻虫啉微囊颗粒剂喷雾,也可使用10%溴氰菊酯2 500倍液喷树冠

图 5-38　云斑白条天牛(A 成虫　B 幼虫)

毒杀成虫。幼虫期用 2.5％高效氯氟氰菊酯 100 倍注孔,或以磷化锌毒签插入蛀孔毒杀幼虫,注意黏泥封口。

生物防治。云斑天牛在卵期的天敌有跳小蜂科的蜂类,幼虫期有小茧蜂科的蜂类及病原菌、多角体病毒等。

五、枝梢害虫

(一)日本履绵蚧

1. 发生和危害

日本履绵蚧(*Drosicha corpulenta*)又名草履蚧、桑虱,分布在河北、辽宁、江苏、河南、湖南、广东、四川、陕西等地。为害杨、柳、悬铃木、枫杨、法国冬青、朴树、无患子、青桐、刺槐、泡桐、白蜡树等。草履蚧以若虫和雌成虫聚集于嫩枝芽基部刺吸为害,致使芽不能萌发或发芽幼叶枯死,常暴发成灾。同时,被害植株由于在大、小枝条上其分泌的蜜露诱发严重的烟煤病,使枝、叶变黑,尤以内膛枝更为严重,树木生长受到抑制并失去观赏价值。成虫在产卵期被风、雨冲淋落到地上时,四处爬行,影响卫生,污染环境(见图 5-39、图 5-40)。

图 5-39　日本履绵蚧(A 雌成虫　B 雄成虫)

图 5-40　日本履绵蚧危害状

2. 防治方法

挖土灭卵防治。草履蚧的卵与初孵化的若虫大都在表土和林下枯枝落叶中,结合当前越冬虫情调查,对发生草履蚧林地的土壤进行翻挖,翻挖深度 15 厘米以上,破坏其越冬场所,收集卵囊集中灭杀,降低卵成活基数。

胶带阻隔防治。胶带阻隔法是目前防治草履蚧的最有效方法,具体做法是:草履蚧若虫未上树前,在树干离地 1~1.3 米处(便于操作位置)将老树皮刮平一周,宽度 15 厘米以上,然后用质量好的宽幅胶带严密包裹,阻隔草履蚧若虫上树,并定期将阻隔带下的若虫扫除、集中杀灭。

涂抹毒环防治。在树干离地 1~1.3 米处(便于操作位置)涂

10～15 厘米宽毒环一圈,粘滞毒杀草履蚧,阻止若虫上树。此法可与胶带阻隔法结合使用,效果更佳,即在阻隔胶带上、下方各加涂一圈毒环。毒环配方:4.5%高效氯氟氰菊酯乳油 1 份＋40%敌敌畏乳油 2 份＋废机油 30 份。

化学药剂防治。对已上树的草履蚧低龄若虫,1～4 年生幼树可用 33%螺虫·噻嗪酮 3 000 倍液或 2.5%高效氯氟氰菊酯 1 500 倍液或 50%辛硫磷 1 000 倍液等喷雾触杀;5 年生以上大树,可在树干基部凿 3～4 个孔,用 20%的吡虫啉 20～30 倍液、5%的吡虫啉 10 倍液、0.5%的吡虫啉直接注射,注药量为每胸径 1 厘米注入 1 毫升左右。

围草诱捕防治。5 月中旬,在树干周围 30 厘米处挖深 20～30 厘米、宽 30 厘米的沟,沟内放湿稻草诱捕下树产卵的雌成虫,6 月底,收集稻草灭杀其中的害虫。

六、叶部病害

(一)杨树黑斑病

1. 发生和危害

杨树黑斑病是杨树的重要病害,主要引起早期落叶。在江苏,北方品系的杨树品种如中林 46、107 等受害严重,病害发生在叶片、嫩梢及果穗上,以危害叶片为主(见图 5-41)。

2. 防治方法

选用抗病树种,种子带菌进行化学处理。苗圃地应避免连作,或避免与有病的苗圃、成林相邻近。要选用排水良好的苗圃地。用 1∶1∶150～200 的波尔多液或 40%多菌灵 500 倍液、65%代森锌 500 倍液,喷洒 3 次左右,间隔 10～15 天。

(二)杨树白粉病

1. 发生和危害

杨树白粉病发生广泛,分布在东北、华北、西北和湖北、湖南、安徽、江苏、云南等地。危害欧美杨、欧洲黑杨、青杨和某些白杨树

图 5-41 杨树黑斑病危害症状

种。病害主要发生在叶片上,影响光合作用,大量消耗寄主养分和水分,使叶片变黄并提早脱落。苗圃和幼林受害重。

2. 防治方法

冬季清除落叶,减少初侵染来源。避免密植,增加林分的通风透光量。合理施肥和灌溉,防止苗木徒长。喷洒 70％甲基托布津 800～1 000 倍液,25％三唑酮 800～1 000 倍液。

(三)杨树叶锈病

1. 发生和危害

杨树叶锈病是杨树上发生最普遍、危害最严重的叶部病害,广泛分布于全国各地。叶片是主要受害部位,也可在芽和嫩枝上发生。症状的共同特点是产生橘黄色的夏孢子堆,破裂后散出夏孢子,为黄色粉状物,故称锈病(见图 5-42)。

该病主要危害衰弱和新移栽树木。由于干旱或土壤不宜等原因造成的衰弱树木或苗木已失水、质量差、浇水不及时的新栽树木,极易受此病感染。

2. 防治方法

选用抗病品系,降低种植密度,避免大面积杨树纯林。移挖苗木时,根盘留大,现起现栽,浇足水分。发病期间喷施 15％三唑酮

图 5-42　杨树锈病危害症状

可湿性粉剂 1 000～1 500 倍液、20％粉锈宁乳油 2 000～3 000 倍液、20％苯醚甲环唑水分散粒剂 2 000 倍液等,一周一次。

(四) 杨树黑星病

1. 发生和危害

杨树黑星病主要危害青杨派、黑杨派树种及其杂交种。病害发生在叶片、叶柄和嫩梢上,受侵染的叶片变黑,迅速枯焦,提早脱落,病枝梢容易枯死或受风折,是杨苗和幼林的危险性病害(见图 5-43)。

2. 防治方法

选用白杨派抗病树种。冬季及早春清理病落叶及感病枝梢,集中深埋或烧毁,减少初侵染来源。在发病初期喷 1∶1∶100～125 倍波尔多液,或喷 45％代森铵 800 倍液。

七、枝干病害

(一) 杨树溃疡病

1. 发生和危害

杨树溃疡病是杨树的主要枝干病害,在我国分布很广,主要分布在东北、华北、西北和华东地区。随着杨树育苗和造林面积的增

图 5-43　杨树黑星病危害症状

大，杨树溃疡病在江苏、山东等地的危害日趋严重。从苗木、幼树
到大树均可侵害，但以苗木、幼树受害最重，常引起幼树死亡和大
树枯梢，对生长量影响最大（见图 5-44）。

图 5-44　杨树溃疡病发病症状

2. 防治方法

选用抗病品种。黑杨派品种一般发病较轻,白杨派品种多数是抗病的。青杨派品种及其与黑杨的杂交种均较易感病。

选择适当的造林地。采购的苗木,应尽可能防止苗木根系受伤,大量失水。苗木定植前,可用水浸根,而后再定植。植后及时灌溉、除草,加强管理。

春季出现病斑时,应及时施药,防止病情加重。有效药剂种类,如 50％代森铵 100 倍液、40％福美砷 50 倍液、50％退菌特 100 倍液、75％多菌清 400 倍液等。

(二) 杨树烂皮病

1. 发生和危害

杨树烂皮病是常见病和多发病,对杨属和柳、榆等树种危害极大,也危害榆树、核桃、板栗、桑树、木槿、樱花、法桐等多种树木。该病是潜伏侵染性病害,当出现干旱、水涝、日灼、冻害等恶劣条件,以及苗木移植或强度修剪后不易恢复树木生机时,病害便迅速发生,轻者影响树木生长,出现放叶晚、叶片变小、枯枝、枯干等病状,重者造成树木成片死亡(见图 5-45)。

图 5-45　杨树烂皮病危害症状

2. 防治方法

保持树木生长旺盛是防治本病的主要途径。栽植时要选择适宜的土壤条件,选择抗冻、抗虫、抗日灼的树种和品种,保护根系。栽植后加强抚育管理,防治蛀干害虫,合理整枝并不留残桩,保护伤口。初冬树干要涂白,以防冻害和日灼。成林后要改善林分卫生状况,清除衰弱枝条及全株。

化学防治时可选用 10% 碳酸钠液、多菌灵(1∶25 倍)、托布津(1∶25 倍)、石硫合剂,用法以涂干和喷干为好。使用以上几种药剂,在涂药后 5 天,如在病斑周围再涂 50～100 ppm 赤霉素,可促使生成愈合组织,病斑不易复发。

第三节　林业有害生物防治技术进展和新技术应用

随着科学的发展和技术的进步,很多相关领域的新技术、新方法不断融入林业有害生物的防治技术当中,使监测手段更加多样精准,防治方法更趋科学有效,做到早发现,早防治,预防优先,合理防治。

一、营林技术提高林木抗性作用更加突出

营林技术措施贯穿于培育健康森林的全过程,也是防控林业有害生物的治本措施,包括森林生态系统的建立与维护、更新与重建等许多内容。自 20 世纪末开始,中国与美国、德国等国家合作开展了森林健康与恢复合作项目和近自然林业的示范等,旨在通过加强树种选择、抚育更新和水肥管理等人工措施干预,提高林木抗害虫的能力。在筛选和培育抗性树种,提高免疫能力方面;在营造多树种配置的混交林,提高林分的稳定性,增加生物多样性方

面;在加强伐根嫁接、高干截头、萌芽更新等措施,快速恢复林分方面;在加强对中幼龄林分的抚育管理,以提高树木生长势和抗性,增强林分的自控能力等方面都取得了很大进展。

二、"3S"技术在林业有害生物监测预报中得到初步应用

"3S"技术是遥感(Romote Sensing,RS)、地理信息系统(Geographic Information System,GIS)和全球导航卫星系统(Global Navigation Satellite System,GNSS)的统称。目前,"3S"技术正在向集成化方向发展,其工作的基本流程是:利用 RS 获取的最新图像作为有害生物的数据源,通过计算机的图像处理,判读或识别出灾情发生点的精确地理坐标、危害程度、发生范围和面积等所需信息;利用 GIS 作数据管理与储存、统计分析、结果输出的操作平台,可制定出灾害发生图、测报点分布图、踏查线路图等,并提供内容丰富的虫情信息和及时精确的基础资料,实现现实与历史数据的科学管理和空间分析,掌握林业有害生物发生发展的规律;GNSS 能帮助地面实地调查人员快速准确到达灾情发生点,并准确记录外业监测调查的位置、路径、时间等信息,为建立完善的数据库和作业评估提供科学依据。因此,"3S"技术具有快速、实时的空间信息获取与分析能力,"3S"技术将为林业有害生物监测预警提供新的途径和方法。

三、"三诱"技术在林业害虫监测和诱杀中发挥重要作用

"三诱"技术是集合昆虫微量化学信息物质诱杀、灯光诱杀及颜色诱杀的综合防治策略。昆虫微量化学信息物质诱杀技术,利用昆虫信息素和植物中对害虫具有引诱作用的化学成分引诱并捕获害虫;灯光诱杀技术利用害虫的趋光性和对紫外线的敏感性,将害虫引诱至杀虫灯周围,使害虫扑入收集器内实现诱杀;颜色诱杀

技术利用害虫对颜色的趋向行为反应，与粘虫胶结合，制成不同颜色的粘虫板捕获害虫。"三诱"技术可以转变以往以幼虫为中心的防治策略为以成虫为中心的防治策略，大大提高防治效率，同时可以减少化学农药的使用、降低环境污染，具有显著的经济效益、生态效益和社会效益。

四、林业有害生物的鉴定技术正向微观和远程层面快速发展

对林业害虫中形态特征不易鉴别的种类，或野外调查时常见幼虫和蛹（没有采集到成虫）而无法鉴定的种类，或检疫工作中截获幼虫需较长时间饲养到成虫才能鉴定的种类，已采用酯酶同工酶电泳技术（EST）、随机扩增多态 DNA 技术（RAPD）、限制性片段长度多态性技术（RFLP）、聚合酶链式反应技术（PCR）、核酸序列分析技术、DNA 探针杂交技术等现代分子生物技术开展了积极的探索和尝试，取得了可喜的进展，目前这些技术已在多种小蠹虫、天牛、金龟、赤眼蜂、松干蚧等昆虫的鉴定中试用。远程鉴定主要是指通过计算机网络，终端用户和专家以发送和接收关于实物标本的方式，进行研究、分析和判断，得出鉴定结论的全过程，可节省时间，达到快速准确鉴定的目的。

五、适应林业特点的施药器械更加高效和安全

高大树木林业有害生物的防治是林业生产防治中直接面临的难题，急需解决提高有效射程、功效，减少环境污染和节约用水等关键问题，近年来，一批新技术和器械在防治中得到推广应用。高射程农药喷雾技术采用风送和雾化技术解决了射程问题，在垂直高度上可达到 20 米以上，具有较好的穿透性能，确保防治效果。烟雾载药技术主要通过引燃式烟雾载药技术或烟雾发生器载药技术，将农药转变成烟微粒分散于空间，并均匀地附着于目标，达到杀虫的目的。树干注药技术是将内吸性药物导入树干特定部位，

经输导组织传至树木的各个器官,以杀死害虫,这种局部施药技术具有对环境安全,不杀伤大敌,持效期长等特点。除地面施药技术外,航空喷雾技术得到长足快速发展,在防治生产实践中,已使用国内外多种固定翼和活动翼飞机,并将其与静电喷雾技术结合起来,能够降低农药使用量和减轻环境污染,有着良好的防治成效,具有更加明显的生态和经济效益。

六、化学药剂向着环境友好型快速发展

随着社会环保意识、生态意识的提高和对食品安全的关注,我国已制定了一系列农药安全使用规定、农药安全使用标准和较完善的农药登记制度等相关法规和条例,禁止和限制了部分难降解以及剧毒农药的使用,同时促进农药向高效、低毒、低残留的方向发展,以满足无公害防治的要求。为降低或消除传统农药带来的问题,农药的剂型正朝着水基化、粒状、缓释、多功能、省力和精细化的方向发展,如限制和减少乳油的使用,避免大量芳烃溶剂对环境的污染;微胶囊是农药控制释放技术的重要内容,使用微胶囊既能防止有效成分散失、挥发,减少用药量,防止环境污染,减轻药害,还可以避免毒性高、刺激性较大的农药对施药者的危害,具有较好的持效性等。

七、生物防治在林业害虫无公害防治中的比重不断加大

我国已记载林木害虫天敌 2 000 多种,应用赤眼蜂防治松毛虫和舟蛾类食叶害虫、管氏肿腿蜂和花绒寄甲防治多种天牛、花角蚜小蜂防治松突圆蚧、白蛾周氏啮小蜂防治美国白蛾等已成为害虫生物防治成功案例;松毛虫质型及核型多角体病毒、春尺蠖核型多角体病毒、美国白蛾核型多角体病毒、舞毒蛾核型多角体病毒等解决了林间扩繁和实验室增殖问题,进入野外防治阶段,对靶标害虫具有很强的专化性和高效性;苏云金杆菌已完成登记注册和工厂

化生产,产品质量稳定,可防治多种农林害虫;白僵菌的生产工艺和产品质量明显提高,制剂类型不断增多,应用范围日渐增加,除在南方地区广泛应用于马尾松毛虫的防治外,一些省(自治区)还针对杨树食叶害虫、叶蜂类害虫、竹类害虫、经济林叶部害虫以及蜀柏毒蛾、木麻黄毒蛾等开展了防治实验,取得较好的防治效果;绿僵菌的系统分类、生物学特性、致病机理、毒素以及工厂化生产的研究均取得一定进展,在防治地下害虫、蛀干害虫等方面展现出较好的应用前景;我国鸟类资源丰富,利用巢箱招引鸟类,达到以鸟治虫的目的;此外,植物源农药的开发与应用为生物防治开辟了一条新的途径,已开发出多种制剂,用于林业害虫防治。

第六章 适生树种名录

第一节 主要适生树种

本书重点介绍宿迁地区、黄淮海平原地区和南方型杨树主产区(平原)主要适生树种191种,其中宿迁地区主要适生树种71种,一般适生树种120种。

一、宿迁主要适生树种分类

宿迁市属于暖温带季风气候区,气候温和,境内四季分明,降水充沛,适生树种种类丰富。下面主要介绍珍贵用材、观赏、速生用材、经济林果等四类树种,共71种。

(一)珍贵用材树种11种(包括部分观赏、经济林树种):榉树、杂交马褂木、麻栎、栓皮栎、榔榆、色木槭、银杏、柿树、香椿、薄壳山核桃、枣树。

(二)观赏树种32种(不含珍贵树种):重阳木、枫香、七叶树、无患子、栾树、落羽杉、乌桕、北美红栎、元宝枫、合欢、白玉兰、鸡爪槭、悬铃木、中山杉、喜树、黄连木、厚朴、丝棉木、海棠、紫薇、樱花、黄栌、紫叶李、皂荚、广玉兰、青冈栎、龙柏、枇杷、桂花、梧桐、红枫、刚竹。

(三)速生用材树种17种(不含珍贵、观赏树种):杨树(雄株)、柳树(雄株)、泡桐、枫杨、水杉、朴树、国槐、臭椿、楝树、榆树、君迁子、白蜡、棠梨、板栗、杜仲、池杉、刺槐。

(四)经济林果树种11种:桃树、梨树、李、杏、石榴、山楂、葡萄、樱桃、无花果、桑树、木瓜。

二、树种介绍

（一）珍贵用材树种

1. 榉树

落叶乔木,高达 30 米,胸径达 1 米。树皮褐色,小枝灰色,密被灰色柔毛。叶卵形、椭圆状卵形,先端渐尖,基部宽楔形或近圆形。叶柄密被短柔毛。坚果偏卵形,花期 3—4 月,果期 10—11 月。

喜光,耐烟尘及有害气体,忌积水,不耐干旱和贫瘠,深根性。木材致密坚硬,不易伸缩,是江浙地区明清家具主要原料。秋叶红褐色、橘黄色、黄色。

2. 杂交马褂木

落叶大乔木,高达 40 米。树皮灰色,一年生枝灰色或灰褐色,具环状托叶痕。单叶互生,叶两侧通常各 1 裂,向中部凹,形似马褂。叶柄长。4—5 月开花,花较大,鹅黄色,花形杯状,单生枝顶。10 月果熟,果实纺锤状。

喜光,能耐 −15℃的低温。耐干旱,喜深厚肥沃和排水良好的壤土。主根较深,在低湿地生长不良。生长迅速,病虫害少。木材纹理直、结构细、质轻软,适合做家具、细木工及胶合板。

3. 麻栎

落叶乔木,高达 30 米。树皮暗褐色,深纵裂。叶长椭圆状披针形,先端渐尖,具芒状锯齿,侧脉 13～18 对,直达齿端。坚果卵球形或椭圆球形,顶端圆形,果脐隆起。花期 3—4 月,果期翌年 9—10 月。

喜光,耐干寒,亦耐湿热,可为贫瘠地造林先锋树种。萌芽力强,深根性,抗风,生长中速。材质坚硬、纹理直,耐腐,优质地板用材。秋叶红色或橘红色。

4. 栓皮栎

落叶乔木,高达 30 米,胸径达 1 米,树皮黑褐色,深纵裂。小枝灰棕色,无毛。芽圆锥形,芽鳞褐色。叶片卵状披针形或长椭圆形,顶端渐尖,基部圆形或宽楔形,叶缘具刺芒状锯齿。雄花序长达14厘米,花被4~6裂,雄蕊10枚或较多。雌花序生于新枝上端叶腋。坚果近球形或宽卵形,顶端圆,果脐突起。花期3—4月,果期翌年9—10月。

喜光,能耐-20℃的低温,耐干旱瘠薄,而以深厚、肥沃、适当湿润而排水良好的壤土最适宜,不耐积水。木材坚硬,是我国生产软木的主要原料。秋叶红色或橘红色。

5. 榔榆

落叶或半常绿。高达20米,胸径30~60厘米。树皮灰褐色,不规则鳞状剥落,露出红褐色或绿褐色内皮。小枝红褐色,被柔毛。叶窄椭圆形或卵形,先端短尖或略钝,基部偏斜,单锯齿,幼树及萌芽枝之叶为重锯齿,上面无毛有光泽,下面幼时被毛。花秋季开放,簇生于当年生枝叶腋。翅果椭圆形或卵形。花期9月,果期10月。

喜光,适应性强,耐干旱瘠薄。材质坚韧、纹理直,是家具、器具的优质用材。

6. 色木槭

落叶乔木,高达20米,有白色乳汁。小枝灰黄或灰色。叶纸质,宽矩圆形,掌状5裂,稀3~7裂,基部近心形,裂片三角状卵形,先端长渐尖,下面仅脉腋被有簇毛。花黄绿色,伞房状花序顶生。小坚果扁平,平滑。

稍耐荫,深根性,喜湿润肥沃土壤。木材坚硬、细密,可供建筑、车辆、乐器和胶合板等制作用。秋叶黄色、红色、橙色。

7. 银杏

落叶乔木,高达40米,胸径达4米。幼树树皮浅纵裂,大树树皮灰褐色、深纵裂。树冠广卵形,大枝斜展,1年生枝淡褐黄色,老枝灰色,短枝密被叶痕。叶扇形,叶柄长。种子核果状,椭圆形,成熟时黄色或橙黄色,外被白粉。花期3—4月,种子9—10月成熟。

喜光,不耐积水,耐旱、耐寒。深根性,萌芽力强,寿命长,可逾千年。木材结构细致、轻软,富弹性,为建筑、家具、室内装饰、雕刻的优良用材。秋叶金黄。

8. 柿树

落叶乔木,高达 20 米。树皮黑灰色,方块状开裂。叶卵状椭圆形、倒卵状椭圆形或长圆形,近革质。叶柄被柔毛。花黄白色,雌雄异株或杂性同株。雄花成短聚伞花序。雌花及两性花单生叶腋。果皮薄,熟时橙黄或朱红色,无毛。花期 5—6 月,果期 9—10 月。

喜光,能耐 $-20℃$ 的低温,对土壤要求不严。结实早,寿命长,产量高。木材坚硬、韧性强,耐腐,常用作家装贴面胶合板。

9. 香椿

落叶乔木,高达 25 米。幼叶被白粉,微被毛或无毛。叶对生或互生,纸质,叶揉碎有香气,卵状披针形或卵状长椭圆形,全缘或具疏生钝齿,无毛。花序与叶等长或更长。果椭圆形,种子上部有翅,红褐色。花期 6 月,果期 10—11 月。

喜光,较耐寒,较耐湿。木材坚硬,有光泽,耐腐,是家具、室内装饰及造船优良用材。

10. 薄壳山核桃

落叶大乔木,高达 50 米,胸径达 2 米,树皮粗糙,深纵裂。芽黄褐色,被柔毛,芽鳞镊合状排列。小枝被柔毛,后来变无毛,灰褐色,具稀疏皮孔。奇数羽状复叶,具 9～17 枚小叶。雄性荬荑花序。5 月开花,9—11 月果成熟。

喜光,耐水湿,有一定耐寒性,不耐干旱瘠薄。深根性,萌蘖力强。生长速度中等,寿命长。木材坚固强韧,是建筑、军工、室内装饰、高档家具优质用材。

11. 枣树

落叶小乔木,高达 10 余米,树皮褐色或灰褐色,叶柄长 1～6 毫米,在长枝上可达 1 厘米,无毛或有疏微毛,托叶刺纤细,后期常脱落。花黄绿色,单生或密集成腋生聚伞花序。核果矩圆形或长卵圆形,成熟时红色,后红紫色。花期5—7月,果期8—9月。

喜光,耐旱、耐涝性较强,对土壤适应性强,耐贫瘠、耐盐碱。怕风,应注意避开风口。木材坚硬致密,为器具和雕刻用材。

(二) 观赏树种(不含珍贵树种,包括部分乡土树种)

12. 重阳木

落叶乔木,高达15米,大枝斜展,树皮褐色,纵裂。小叶卵形或椭圆状卵形,纸质,基部圆或微心形,边缘具细密锯齿。总状花序。花柱2～3个。花期4—5月,果期10—11月。

喜光,稍耐荫,耐寒性较弱。对土壤要求不严。耐旱,耐瘠薄,耐水湿,抗风耐寒,根系发达。木材深红褐色,坚硬耐用,耐水湿,少开裂,供建筑、桥梁、车辆、造船及枕木等用。

13. 枫香

落叶乔木,高达35米。叶薄革质,阔卵形,掌状3裂,中裂片较长,先端尾状渐尖,两侧裂片平展,下面有短柔毛,后变无毛,基部心形,边缘有锯齿,掌状脉3～5条。果序圆球形,木质,有宿存针刺状花柱及萼齿。花期3月,果期10月。

喜光,速生,寿命长。宜肥沃湿润土壤。木材红褐色或浅红褐色,纹理交错,结构细、易加工,易翘裂,经干燥处理后耐腐,可作箱板、包装箱、茶盒、砧板、家具等用材。

14. 七叶树

落叶乔木,高达20米,胸径达1米。小枝具白色皮孔。掌状复叶。小叶5～7片,长圆状倒卵形或长圆倒披针形。顶生聚伞圆锥花序,两性花位于花序下部,花白色,花瓣4片,倒匙形,不等大。果黄褐色,近梨形,顶端有短尖头。种子种脐淡白色,约占种子的1/3。花期4—5月,果期9—12月。

稍耐荫,喜湿润肥厚土壤。木材黄褐色微红,有光泽,纹理直,结构细,为包装箱、绘图板、胶合板用材。

15. 无患子

落叶乔木,高达 20 米。树皮灰白色。小枝圆柱形,幼时被微柔毛,后渐无毛。羽状复叶,小叶互生或近对生,小叶卵状披针形或长圆状披针形。肉质核果,橙黄色,干时微亮。种子近球形,光滑。花期 5—6 月,果期 10—11 月。

喜光,稍耐荫,耐寒能力较强。对土壤要求不严。深根性,抗风力强。不耐水湿,能耐干旱。萌芽力弱,不耐修剪。生长较快,对二氧化硫抗性较强。木材边材黄白色,心材黄褐色,可制器具、箱板、玩具,尤宜制木梳。

16. 栾树

落叶乔木,高达 15 米。小枝被柔毛,具疣点。一回羽状复叶有不规则分裂的小叶,或为不完全的二回羽状复叶,纸质,卵形至卵状披针形,有明显的锯齿或疏锯齿或分裂。圆锥花序大,被微柔毛。花淡黄色。花瓣 4 片,初橙红色,线状长椭圆形。蒴果三角状长卵形,先端渐尖,有网状脉纹,果瓣卵形。花期 6—8 月,果期 9—10 月。包括黄山栾树、全缘叶栾树等。

喜光,耐干旱瘠薄,耐寒,深根性。萌芽力强,速生。木材黄白色,易加工,宜作板材及农具。

17. 落羽杉

落叶乔木,高达 50 米,胸径 2 米。干基部常膨大,具膝状呼吸根。大枝呈水平开展。树皮棕色。侧生小枝 2 列。叶条形,排成 2 列,羽状。球果径约 2.5 厘米,具短梗,熟时淡褐黄色,被白粉。种子褐色,花期 3 月,球果 10 月成熟。

适应性强,耐低温、干旱、涝渍、抗污染、抗台风,且病虫害少,生长快。其树形优美,羽毛状的叶丛极为秀丽,入秋后树叶变为古铜色,是秋色观叶树种。木材重,纹理直,结构粗而均匀,花纹美观,易加工,不受白蚁蛀蚀,材用。

18. 乌桕

落叶乔木,高达 15 米。树皮暗灰色。小枝细。叶菱状卵形,先端尾状长渐尖,基部宽楔形,秋季落叶前常变为红色。花黄绿色。果扁球形,熟时黑褐色,3裂。种子黑色,外披白蜡,经冬不落。花期4—7月,果期10—11月。

喜光,适温暖气候,耐水湿,不耐干燥瘠薄土壤。木材坚韧致密,供雕刻、家具、农具等用。叶有毒,可杀虫,不宜在鱼塘四周种植。

19. 北美红栎

落叶乔木,高达27米,胸径达90厘米,冠幅达15米。幼树树形为卵圆形,随着树龄的增长,树形逐渐变为圆形至圆锥形。树干笔直,嫩枝呈绿色或红棕色,第二年转变为灰色。叶子形状美丽,波状,宽卵形,革质,表面有光泽,叶片7～11裂,春夏叶片亮绿色有光泽,秋季叶色逐渐变为粉红色、亮红色或红褐色,直至冬季落叶,持续时间长。花黄棕色,下垂,4月底开放。坚果棕色,球形。

喜光,生长速度较快。耐旱、耐寒、耐瘠薄,抗火灾,较耐荫,萌蘖能力强,可耐−29℃低温。耐环境污染。

20. 元宝枫

又名三角枫,落叶乔木,高8～10米。树皮纵裂。单叶对生,主脉5条,掌状。花黄绿色。花期5月,果期9月。树姿优美,嫩叶红色,秋季叶又变成黄色或红色,为著名秋季观红叶树种。

深根性树种,萌蘖力强,生长缓慢,寿命较长。较喜光,稍耐荫,较耐寒。耐旱,不耐涝,对土壤要求不严。病虫害较少。对二氧化硫等有害气体抗性较强,吸附粉尘的能力亦较强。木材坚硬细密,可作特殊用材。

21. 合欢

落叶乔木,高达16米,胸径达50厘米。树皮褐灰色,不裂或浅纵裂。小枝褐绿色,具棱。皮孔黄灰色,明显。小叶镰状长圆形,先端尖,基部平截,中脉紧靠上缘,叶缘及下面中脉被柔毛。花淡红色。果带状,先端尖,基部成短柄状,淡黄褐色。花期6—7月,果期9—10月。

喜光,能萌芽,速生。能耐干寒,也适暖湿。对土壤要求不严。木材纹理直,干燥开裂,耐水湿,供家具、农具、室内装饰、工艺品用。树皮含鞣质,可提制栲胶。

22．白玉兰

落叶乔木,高达 25 米,胸径达 1 米。树皮深灰色,粗糙开裂;小枝稍粗壮,灰褐色;冬芽及花梗密,被淡灰黄色长绢毛。叶纸质,倒卵形、宽倒卵形或倒卵状椭圆形。花白色到淡紫红色,大型、芳香,花冠杯状,花先开放,叶子后长,花期 10 天左右。玉兰花外形极像莲花,盛开时,花瓣展向四方,白光耀眼,具有很高的观赏价值。

喜光,较耐寒,可露地越冬。喜干燥,忌低湿,栽植地渍水易烂根。对二氧化硫等有害气体的抗性较强。

23．鸡爪槭

落叶小乔木,树冠伞形。树皮平滑,呈深灰色。小枝紫或淡紫绿色,老枝淡灰紫色。叶近圆形,基部心形或近心形,掌状,常 7 深裂,密生尖锯齿。后叶开花,花紫色,杂性,雄花与两性花同株,花瓣椭圆形或倒卵形。幼果紫红色,熟后褐黄色,果核球形。花、果期 5—9 月。

喜光,较耐荫,在高大树木庇荫下长势良好。对二氧化硫和烟尘抗性较强。其叶形美观,入秋后转为鲜红色,色艳如花,灿烂如霞,为优良的观叶树种。

24．悬铃木

落叶乔木,树高可达 40 米。单叶互生,掌状分裂,叶脉掌状。选择少球品种。如美国梧桐等。

喜光,在深厚肥沃土壤上生长良好。速生,萌芽性强,耐强度修剪,是行道树主要树种。木材供细木工、玩具及包装箱用。

25．中山杉

树干挺直,树形美观,树叶绿色期长,叶较小,呈螺旋状散生于小枝上。雌、雄异花同株,雌球花着生在新枝顶部,单个或 2～3 个簇生,成熟时呈球形,成熟后珠鳞张开。雄球花着生在小枝上,成熟时呈椭圆形。

耐水湿,抗风性强,病虫害少,生长速度快。

26. 喜树

落叶乔木,高达 30 米,小枝髓心片状分隔。叶纸质,长圆状卵形或椭圆形、长椭圆形,全缘,上面亮绿色,下面淡绿色,疏被柔毛,脉上更密。头状花序顶生或腋生。花期 5—7 月,果期 9—11 月。

喜光,较耐水湿,不耐严寒和干燥。萌芽率强。干形端直,木材轻软,不耐腐,易加工,供制包装箱、火柴杆、乐器、音箱等。

27. 黄连木

落叶乔木,高达 30 米。偶数羽复叶,互生。小叶 10～14 片,纸质,对生或近对生,卵状披针形,先端渐尖,基部斜楔形,全缘。先花后叶,花小。核果倒卵形至扁球形,红色者为空粒,绿色者含成熟种子。

喜光,畏严寒。耐干旱瘠薄,对土壤要求不严。深根性,主根发达,抗风力强。萌芽力强。生长较慢,寿命可长达 300 年以上。对二氧化硫、氯化氢和煤烟抗性较强。木材坚硬致密,可供家具和细工用材。

28. 厚朴

落叶乔木,高达 20 米。叶近革质,长圆状倒卵形,常聚生枝顶,先端圆,短突尖,基部楔形,侧脉 20～30 对,极明显,下面被灰色柔毛及白粉。花大,白色,芳香。花期 5—6 月,果期 9—10 月。

喜光,在土层深厚、肥沃、疏松、腐殖质丰富、排水良好的土壤上生长较好。根系发达,生长快,萌生力强。

29. 丝棉木

小乔木,高达 6 米。叶卵状椭圆形、卵圆形或窄椭圆形,先端长渐尖,基部阔楔形或近圆形,边缘具细锯齿,有时极深而锐利。叶柄通常细长,但有时较短。雄蕊花药紫红色,花丝细长,蒴果倒圆心状,成熟后果皮粉红色。种子长椭圆状,种皮棕黄色,假种皮橙红色,全包种子,成熟后顶端常有小口。

喜光、耐寒、耐旱、稍耐荫，也耐水湿。为深根性植物，根萌蘖力强，生长较慢。有较强的适应能力，对土壤要求不严。木材可供器具及细工雕刻用。

30. 海棠

落叶乔木，主要观花树种，品种有西府海棠、垂丝海棠、贴梗海棠和木瓜海棠等。

喜光，不耐荫，不耐水涝。对土壤要求不严。

31. 紫薇

落叶小乔木，高达 7 米。树皮平滑，灰色或灰褐色，枝干多扭曲。小枝四棱形，无毛。叶对生或近对生，纸质，椭圆形，短尖或钝，有时微凹，下面脉上有毛，具短柄。顶生圆锥花序。花淡红或紫色、白色。果卵圆状球形或阔椭圆形。花期 6—9 月，果期 9—12 月。

喜光，耐干旱，略耐荫，对土壤要求不严，喜生于肥沃湿润的土壤，忌积水，忌种在地下水位高的低湿地方。木材坚硬，耐腐，可作农具、家具、建筑等用材。

32. 樱花

落叶乔木，高 4～16 米，树皮灰色。小枝淡紫褐色，无毛，嫩枝绿色，被疏柔毛。叶片椭圆卵形或倒卵形，先端渐尖或骤尾尖，基部圆形，稀楔形，边有尖锐重锯齿，齿端渐尖，上面深绿色，无毛，下面淡绿色。花期 4 月，果期 5 月。

喜光，不耐荫湿，不耐盐碱，忌水涝，耐寒，耐旱。

33. 黄栌

落叶小乔木，树冠圆形，木质部黄色，树汁有异味。单叶互生，叶片全缘或具齿，叶倒卵形或卵圆形。圆锥花序疏松、顶生，花小。核果小，干燥，肾形扁平，绿色。花期 5—6 月，果期 7—8 月。

喜光，耐半荫，耐寒，耐干旱瘠薄，不耐水湿。生长快，根系发达，萌蘖性强。对二氧化硫有较强抗性。秋季叶色变红。

34. 紫叶李

落叶小乔木,树皮紫灰色,小枝淡红褐色,整株树干光滑无毛。单叶互生,叶卵圆形或长圆状披针形,先端短尖,基部楔形,缘具尖细锯齿,两面无毛或背面脉腋有毛,色暗绿或紫红。花单生或 2 朵簇生,白色,花部无毛,核果扁球形,熟时黄、红或紫色,光亮或微被白粉,花叶同放。花期 3~4 月,果常早落。

喜光,较耐水湿,有一定的抗旱能力。对土壤适应性强。根系较浅,萌生力较强。

35. 皂荚

落叶乔木,高达 30 米,径达 1.2 米。树皮灰褐至灰黑色,粗糙不裂。分枝刺长达 16 厘米。叶常簇生,一回羽状复叶。小叶 3~7 (9)对,卵形、倒卵圆形或长圆状卵形,网脉明显。总状花序细长。果长 12~35 厘米,直或弯曲。花期 4—5 月,果期 10 月。

稍喜光,深根性,喜深厚、湿润、肥沃土壤,稍耐干瘠。寿命长,可达 600—700 年。木材坚硬,为车辆、家具优良用材。

36. 广玉兰

常绿乔木,高达 30 米。小枝、叶柄、叶下面密被锈褐色短绒毛。叶厚革质,椭圆形或长圆状椭圆形,先端钝圆,上面深绿色而有光泽,叶缘略反卷。花大,白色,芳香。聚合果短圆柱形,密被灰褐色绒毛,整齐。花期 5—6 月,果期 10 月。包括白玉兰、紫玉兰、二乔玉兰等。

喜光,对烟尘抗性强,对土壤要求不严,生长较快,少病虫害,忌积水、排水不良。

37. 青冈栎

常绿乔木,高达 22 米,胸径达 1 米。树皮平滑不裂;小枝青褐色,无棱,幼时有毛,后脱落。叶长椭圆形或倒卵状长椭圆形,先端渐尖,基部广楔形,边缘上半部有梳齿,中部以下全缘。坚果卵形或近球形,无毛。花期 4~5 月,果 10 月成熟。

幼树稍耐荫,大树喜光。适应性强,对土壤要求不严。幼年生长较慢,5年后生长加快,萌芽力强,耐修剪,深根性,可防风、防火。当树叶变红后,雨过天晴树叶又呈深绿色,所以被称为"气象树"。

38. 龙柏

常绿乔木,高达20米,胸径达3.5米。树皮深灰色,纵裂,成条片开裂;幼树的枝条通常斜上伸展,形成尖塔形树冠,老则下部大枝平展,形成广圆形的树冠。雌雄异株,稀同株,雄球花黄色,椭圆形。球果蓝绿色,果面略具白粉。

喜阳,稍耐荫。喜温暖、湿润环境,抗寒。抗干旱,忌积水。适生于干燥、肥沃、深厚的土壤,较耐盐碱。对二氧化硫和氯气抗性强,但对烟尘的抗性较差。

39. 枇杷

常绿小乔木,高达10米。小枝粗壮,黄褐色,密生锈色或灰棕色绒毛。叶片革质,披针形、倒披针形、倒卵形或椭圆长圆形,先端急尖或渐尖,基部楔形或渐狭成叶柄,上部边缘有疏锯齿,基部全缘,上面光亮,多皱,下面密生灰棕色绒毛。果实球形或长圆形,黄色或橘黄色。花期10—12月,果期5—6月。

喜光,稍耐荫,喜肥水湿润、排水良好的土壤,稍耐寒,不耐严寒,生长缓慢。

40. 红枫

落叶小乔木,高5~8米。树冠呈伞形,枝条开张,细弱。单叶对生,近圆形,薄纸质,掌状7~9深裂,裂深常为全叶片的1/2~1/3,基部心形,裂片卵状长椭圆形至披针形,先端尖,有细锐重锯齿,背面脉腋有白簇毛。伞房花序径约6~8毫米,萼片暗红色,花瓣紫色。果长1~2.5厘米,两翅开展成钝角。花期5月,果期9—10月。叶片常年红色或紫红色,枝条紫红色。

41. 桂花

常绿乔木,高3~5米,最高可达18米。树皮灰褐色。小枝黄褐色,无毛。叶片革质,椭圆形、长椭圆形或椭圆状披针形,先端渐尖,基部渐狭呈楔形或宽楔形,全缘或通常上半部具细锯齿。花冠合瓣四裂,形小。花期 9—10 月上旬,果期翌年 3 月。

喜光,亦能耐荫,抗逆性强。忌积水。对土壤的要求不太严。对二氧化硫等有害气体有一定的抗性,还有较强的吸滞粉尘的能力。其园艺品种繁多,包括金桂、银桂等。

42. 梧桐

落叶乔木,高达 16 米,胸径达 50 厘米。主干光洁,分枝高,树皮绿色或灰绿色,常不裂。小枝粗壮,绿色。芽鳞被锈色柔毛。叶心形,掌状 3~5 裂,裂片全缘,基部心形、基生脉 7 条,叶柄与叶片等长。圆锥花序。果皮开裂呈叶状,匙形,网脉显著,外被短绒毛或近无毛。种子形如豆粒。

喜光,耐旱,忌水湿。木材轻软,为制木匣和乐器的良材。树皮纤维可供造纸和编绳等用。种子可食用和榨油。

43. 竹子(刚竹类)

高大、生长迅速的禾本科植物,常绿。地上茎木质而中空。成熟的竹生出水平的枝,叶片为披针形,有叶柄,幼株的叶直接从茎上生出。竹一生只开花结籽一次。笋期 3—6 月,相对集中在 5 月。选择刚竹类。

耐寒,喜土质深厚肥沃、富含有机质和矿物元素的土壤,忌积水。

(三)速生用材树种

44. 杨树(雄株)

落叶乔木,高达 30 米,胸径达 1 米。喜光,速生,喜水,抗性强,萌芽力强。只选择雄株,主要品种有泗杨 1 号雄性无性系、NL3804、NL3412 系等。

速生用材树种。木材轻软细致,为建筑板料、火柴杆、造纸等用材。叶可作野生动物及家畜饲料。芽脂可作黄褐色染料。

45. 柳树(雄株)

落叶乔木,高达 20 米。喜光,喜水,极耐水湿。速生,萌芽力强,抗性强。包括垂柳,只选择雄株。

速生用材树种。木材轻软,多为小板料、小型用具和薪炭用材。木材烧炭可作火药原料。花为早春蜜源。又为水土保持和园林绿化树种。无性繁殖易成活,有"无心插柳柳成荫"之说。

46. 泡桐

落叶乔木,高达 40 米,树皮灰褐色,幼时光滑,老时浅裂。无顶芽。叶大,对生,有时 3 叶轮生,全缘,波状或 3～5 浅裂,幼苗叶常有锯齿。花大,由多数小聚伞花序组成大型圆锥花序。花冠白色至紫色,筒部漏斗形至近钟形,裂片唇形,筒内常有紫斑。蒴果卵圆形至椭圆形。种子多数,具膜质翅。选择抗丛枝病品种。

喜光,忌积水,不耐瘠薄。木材纹理直,结构粗,质轻软,隔音、隔热性好,耐腐、耐火性强,易加工,用于建筑、家具、茶叶箱、蜂桶、航空模型、包装箱、乐器等。

47. 枫杨

落叶大乔木,高达 30 米,胸径 1 米。幼树皮平滑,老时灰色至深灰色,深纵裂。偶数复叶,叶柄及叶轴被毛,叶轴具窄翅。小叶 10—28 枚,纸质,矩圆形至矩圆状披针形,先端短尖或钝,基部偏斜,细锯齿。果具 2 斜展之翅,翅矩圆形至椭圆状披针形。

喜光,不耐庇荫。耐湿性强,但忌积水。深根性树种,主根明显,侧根发达。萌芽力强,生长快。对有害气体二氧化硫及氯气的抗性弱。木材灰褐色,轻软,细致,做包装箱、火柴杆用。

48. 水杉

落叶乔木,高达 40 米,胸径达 2.5 米,干基部膨大。树皮灰褐色。大枝斜展,小枝下垂,1 年生枝淡褐色。球果深褐色。花期 2 月,球果 11 月成熟。

喜光,耐水湿能力强,耐寒性强(可耐 −25℃ 低温)。适宜于肥沃深厚、湿润的壤土和冲积土。速生,易繁殖。材质轻软,适用于各种用材及造纸。

49. 朴树

落叶乔木,高达 20 米。树皮灰褐色,粗糙不裂。小枝密被柔毛。叶阔卵形、卵状长椭圆形，先端急尖，基部圆形偏斜，中部以上有疏浅锯齿。果单生或 2～3 个并生叶腋，近球形。果梗与叶柄近等长。果核有凹点及棱脊。花期 3—4 月，果期 9—10 月。

喜光，适生于肥沃平坦之地。对土壤要求不严，有一定耐干旱能力，亦耐水湿及瘠薄土壤，适应力较强。木材质轻而硬，可作家具、砧板、建筑材料。

50. 国槐

落叶乔木，高达 5 米，胸径达 1.5 米。树皮灰黑色，块状深裂。无顶芽，侧芽为叶柄下芽。小枝光绿色，有淡黄褐色皮孔。小叶 7～17 片，长卵形，先端尖，下面粉绿色，被平伏毛。花冠黄白色。荚果近圆筒形，念珠状缢缩，黄绿色，肉质，含胶质，不裂。种子，肾形，黑褐色。花期 6—8 月，果期 9—10 月。

喜光而稍耐荫。根深而发达，对土壤要求不严。抗风，也耐干旱、瘠薄，尤其能适应土壤板结等不良环境条件，但在低洼积水处生长不良。对二氧化硫和烟尘等污染的抗性较强。木材黄褐色，耐水湿，供建筑、车辆、农具、雕刻用。花作黄色染料。花期长，为优良蜜源树。

51. 臭椿

落叶乔木，高达 30 米。树皮浅纵裂，灰色或淡褐色。奇数羽状复叶。小叶卵状披针形，基部截形，两侧不对称，每边具 1～2 对粗齿。花小，绿白色。翅果长圆状椭圆形，稍红褐色，上翅扭曲种子 1 枚，位于中部。

喜光，耐寒，耐旱，不耐水湿，长期积水会烂根死亡，不耐荫。深根性。木材轻韧，有弹性，纹理直，软硬适中，耐腐、耐水湿，为车辆、农具、家具、胶合板内层等用材。

52. 楝树

落叶乔木，高达 20 米。树皮灰褐色，纵裂。枝条广展，小枝有叶痕。二至三回羽状复叶，小叶卵形、椭圆形至披针形，基部多少偏斜，边缘钝锯齿。花序与叶等长。花芳香，萼 5 裂，花瓣 5 片，淡紫色,雄蕊管紫色。果近球形或椭圆形,种子椭圆形。花期4—5月,果期10—11月。

喜光,喜肥沃湿润条件,能耐干瘠,抗烟尘及二氧化硫。木材淡褐色,芳香,弹性好,耐腐,为建筑、板料、农具、车辆、家具面板材。

53. 榆树

落叶乔木,高达25米,树皮暗灰色,纵裂。小枝灰色,有毛。叶椭圆状卵形或椭圆状披针形,先端短尖或新尖,基部不对称,重锯齿或单锯齿,两面无毛,仅脉腋簇生毛。花先叶开放,簇生于去年生枝的叶腋。翅果近圆形或倒卵状圆形,无毛。果核位于翅果中央。花期3月,果期4—5月。

适应性强,但不耐水湿。木材纹理直,结构稍粗,易开裂,边材易遭虫蛀,供家具、桥梁、车辆等用。树皮纤维为造纸及人造棉原料。嫩果、幼叶可食或作饲料。

54. 君迁子

落叶乔木,高达15米,小枝及叶柄密生黄褐色柔毛,叶椭圆状卵形,矩圆状卵形或倒卵形,先端短尖,基部宽楔形或近圆形,下面淡绿色,有褐色柔毛。叶较小,果径仅1.5～5厘米。

喜光,耐旱,耐水湿,耐半荫,较耐寒。对土壤要求不严,较耐瘠薄。抗二氧化硫的能力较强。木材的边材含量大,收缩大,干燥困难,耐腐性不强,但致密质硬,韧性强,表面光滑,耐磨损,可作纺织木梭、线轴,又可作家具等。

55. 白蜡树

落叶乔木,高达12米。芽被褐色绒毛。复叶基部常呈黑色。小叶5～7枚,硬纸质,卵形、倒卵状长圆形至披针形,先端锐尖至渐尖,基部钝圆,叶缘具整齐锯齿,下面沿中脉下部两侧被白色长柔毛,侧脉8～10对。花雌雄异株,无花冠。翅果匙形,下部渐窄。花期4—5月,果期7—9月。

喜光,对霜冻较敏感。喜深厚肥沃湿润土壤。萌发力强,耐干旱瘠薄,生长迅速。可放养白蜡虫生产白蜡。木材坚韧。

56. 棠梨

落叶小乔木,高达 10 米,有枝刺。叶卵圆形或长卵形,长 4～8 厘米,先端渐尖,基部圆形至宽楔形,边缘有锐锯齿,齿尖无刺毛,两面无毛。叶柄长 2～4 厘米。花白色,径 2～2.5 厘米。花期 4 月,果期 8—9 月。

喜光,稍耐荫,不耐寒,耐干旱、瘠薄,对土壤要求不严。深根性,具抗病虫害能力,生长较慢。木材用于雕刻、工具柄、算盘、纺织木梭、玩具、乐器、镜框等,亦可作沙梨的砧木。

57. 板栗

落叶乔木,高达 15 米,胸径达 1 米。树皮灰褐色,深纵裂。叶长椭圆形,有锯齿,齿端具芒尖,下面密被灰白至灰黄色短柔毛,侧脉 10～18 对。托叶窄三角形。雌雄花同序,雄花生花序中上部,雌花生于基部。壳斗密被灰白色星状毛,刺长而密,每壳斗有坚果 2～3 粒。坚果扁圆形,暗褐色,顶部有绒毛。花期 4—6 月,果期 9—10 月。

喜光,耐旱,耐寒(至 -25℃),对土壤要求不严。材质优良,为建筑、车船、枕木、坑木用材。

58. 杜仲

落叶乔木,高达 20 米。叶椭圆形至椭圆状卵形,先端渐尖,基部宽截形,两面网脉明显,边缘有整齐锯齿。叶折断后可见白色丝胶相连。果扁平具翅,长椭圆形。花期 3—4 月,果期 8—10 月。

喜光,深根性,萌芽力强。木材材质坚韧,纹理细腻,为良好的家具、舟车和建筑用材。

59. 池杉

落叶乔木,高达 25 米。干基部膨大,常具膝状呼吸根。大枝向上伸展,树冠窄,尖塔形。球果圆球形或长圆球形,熟时褐黄色,有短梗。种子红褐色,球果 10 月成熟。

喜光,抗风性强,适应性广,生长快,极耐水湿。木材纹理直、防腐,易加工,供材用。水边种植易生膝状根,形成特有的景观。生长快,在适生地 8—10 年即可成材利用。

60. 刺槐

乔木,高达 25 米,胸径达 1 米,皮褐色,交叉纵裂。小枝褐色,小叶卵形或长圆形,先端圆或微凹,具芒刺,基部圆或宽楔形。花冠白色,芳香。果深褐色,种子扁肾形,褐绿色或黑色。花期 4—5 月,果期 9—10 月。

喜光,耐干瘠。速生。根蘗性强,易繁殖。木材坚韧,有弹性,耐腐,适用于一般建筑、桥梁、水中工程和器具用材。花可食及提制香精,为优良蜜源。农村用作薪材、肥料、饲料。

四、经济林果树种

61. 桃

落叶小乔木,高可达 8 米。叶片卵状披针形或长圆状披针形,具细锯齿。花单生,先叶开放,花粉色,罕白色。核果卵球形,腹缝线明显。花期 3—4 月,果期 6—9 月。

喜光,适应性强,对土壤要求不严,忌积水。木材致密,花纹美丽,可为木梳及美工用材。按成熟期可分为早熟品种、中熟品种和晚熟品种。按果实特征可分为硬肉桃、蜜桃、水蜜桃、蟠桃、油桃及黄桃六个品种群。宿迁推荐栽植油桃。

62. 梨

落叶乔木,常有枝刺,单叶互生。花先叶开放或与叶同放,花白色,罕粉色。梨果外皮多皮孔,中果皮肉质,含石细胞。花期 4 月,果期 8—9 月。

喜光,宜砂质土,对肥力要求不严。木材供雕刻、工具柄、算盘、纺织木梭、玩具、乐器、镜框等,亦可做沙梨的砧木。主要品类有秋子梨、白梨、沙梨、洋梨、酥梨,宿迁推荐栽植酥梨。

63. 李

落叶乔木,高达 12 米,具枝刺。叶长圆状倒卵形或椭圆状倒卵形,具细钝重锯齿。花常 3 朵簇生,白色。核果卵球状,黄色或红色,梗洼深陷,有深沟,外被蜡质果粉;核卵形具有皱纹,黏核,稀离核。花期 3 月,果期 6—7 月。

适应性强,对土壤要求不严,生长快,结实早,产量高,寿命短,繁殖易。果酸甜,可生食或加工成蜜饯。

64. 杏

落叶乔木,高达 15 米。叶宽卵形或圆卵形。花单生,先叶开放,粉红色或微红。果球形,黄白色或黄红色。核平滑,一边较圆,一边较平。种子扁圆形,苦或甜。花期 4 月,果期 6—7 月。

喜光,耐寒抗旱,果生食或制果干和果脯。种仁食用或药用,木材淡红色,坚硬致密,花纹美丽,为美工、工具柄、手杖、雕刻用材。

65. 石榴

落叶乔木或灌木,高 3～5 米。枝顶端常呈尖锐长刺。叶纸质,长圆状披针形。花大,花瓣红色、黄色或白色。浆果近球形,淡黄褐色或淡黄绿色,种子多数,外种皮肉质。

喜光,耐旱、耐寒,也耐瘠薄,不耐涝和荫蔽。对土壤要求不严。根据花瓣分为单瓣、复瓣、重瓣、台阁品种群;根据籽粒软硬分为硬籽石榴和软籽石榴,宿迁推荐栽植软籽石榴。

66. 山楂

落叶小乔木,高可达 6 米,具枝刺或无刺。叶宽卵形、三角状卵形,具羽状深裂,不规则锐尖重锯齿。伞房花序。果近球形,深红色,有白色皮孔。花期 3—5 月,果期 9—11 月。

喜光,耐寒、耐旱,萌芽性强。果富含维生素 C 和糖分,可生食或作果酱、果酒、果糕等。

67. 葡萄

落叶大藤本,茎(主蔓)长 20 米。叶肾圆形或近圆形,裂片具不规则粗锯齿或缺刻。花杂性异株,花瓣淡黄绿色。浆果椭圆形或圆球形。花期 4—5 月,果期 8—9 月。

喜光。深根性,寿命长达数百年。对土壤要求不严。果甜,富含糖和多种维生素。按食用可分为鲜食品种、酿造品种、制罐品种、制汁品种、制干品种。按成熟期可分为早熟品种、中熟品种和晚熟品种。

68. 樱桃

又名车厘子,喜光,高达 8 米,叶卵形或椭圆状卵形,先端渐尖或尾状渐尖,具有尖锐重锯齿。花先叶开放,伞房状花絮,白色。果球形,红色。花期 4 月,果期 5—6 月。

喜光,喜湿、较耐寒,对土壤要求不严。果可食或酿酒。木材坚实,花纹美丽,为上等家具、木地板、工艺品、砧板用材。

69. 无花果

落叶灌木至小乔木,高 3~10 米,多分枝。叶卵圆形、宽卵形,掌状 3~5 裂,稀不裂,有不规则圆锯齿。隐头花序单生叶腋。隐花果梨形,熟时紫红色或黄色。果期 7—8 月。

喜光,喜温暖湿润气候,耐瘠,抗旱,不耐寒,不耐涝。果为营养性果品,含糖 15%~20%,有 18 种人体可利用的氨基酸,丰富的维生素等。

70. 木瓜

落叶小乔木,高达 5~10 米。叶片椭圆卵形或椭圆长圆形,稀倒卵形。果实长椭圆形,暗黄色,木质,味芳香,果梗短。花期 4月,果期 9—10 月。

对土质要求不严,不耐荫,栽植地可选择避风向阳处。分为皱皮木瓜、光皮木瓜、毛叶木瓜三大品类。

71. 桑树

落叶乔木或为灌木,高 3~10 米或更高,胸径可达 50 厘米,树皮厚,灰色,具不规则浅纵裂。花期 4—5 月,果期 5—8 月。本种原产我国中部和北部,现东北至西南各省区,西北至新疆均有栽培。树皮纤维柔细,可作纺织原料、造纸原料,根皮、果实及枝条可入药。叶为养蚕的主要饲料,亦作药用,并可作土农药。木材坚硬,可制家具、乐器等。桑椹可以酿酒,称桑子酒。

第二节　平原区域一般适生树种

一、一般适生树种分类

在宿迁市 71 种主要适生树种以外,再介绍 120 种一般适生树种。包括珍贵用材树种、观赏树种、速生用材树种、经济林果树种等,供黄淮海平原地区和南方型杨树主产区(平原)参考。

(一)珍贵用材树种 7 种(包括部分彩色景观、乡土树种):青檀、柞木、枳椇、黄檀、楸树、梓树、石栎。

(二)观赏树种 98 种(不含珍贵树种):日本冷杉、雪松、白皮松、湿地松、日本五针松、火炬松、黑松、金钱松、长叶松、柳杉、金松、水松、日本扁柏、日本花柏、美国扁柏、中山柏、刺柏、璎珞柏、侧柏、圆柏、塔枝圆柏、翠柏、鹿角桧、香柏、日本香柏、北美乔柏、红豆杉、香榧、罗汉松、短叶罗汉松、狭叶罗汉松、二乔玉兰、白兰花、香樟、月桂、三角枫、五角枫、红枫、日本槭、梣叶槭、盐肤木、南酸枣、冬青、刺楸、梓树、黄金树、金合欢、山皂荚、毛洋槐、龙爪槐、五叶槐、金银木、楝木、山茱萸、红瑞木、灯台树、毛梾、秋枫、野核桃、化香、构树、洋白蜡、绒毛白蜡、女贞、美国梧桐、铜钱树、湖北海棠、西府海棠、石楠、椤木石楠、梅、红梅、白梅、照水梅、绿萼梅、杏梅、红叶桃、碧桃、垂枝碧桃、红花碧桃、日本樱花、日本晚樱、毛樱桃、垂柳、河柳、旱柳、龙爪柳、金丝柳、全缘叶栾树、复羽叶栾树、糙叶树、野茉莉、小叶白辛树、杜英、厚壳树、欧洲七叶树、日本七叶树、孝顺竹、毛竹。

(三)速生用材树种 9 种(不含珍贵树种、含景观树种):冷杉、华山松、柏木、马尾松、鹅掌楸、杂交鹅掌楸、加杨、毛白杨、小叶杨。

（四）经济林果树种 6 种：油橄榄、油桐、核桃、桑树、苹果、柑橘。

二、部分树种介绍

（一）珍贵用材树种

1. 楸树

落叶乔木，高达 30 m，胸径 1 m。不耐寒冷，对土壤水分很敏感，对二氧化硫、氯气等有毒气体有较强的抗性。

树干通直，木材坚硬，为良好的建筑用材。

2. 梓树

落叶乔木，高达 15 米；树冠伞形，主干通直，嫩枝具稀疏柔毛。阳性树种，喜欢光照，稍耐半荫，比较耐严寒，适应性强，微酸性、中性以及稍有钙质化的土壤上都能正常生长。梓树为深根性树种，适合温带地区生长，不适宜暖热气候区；喜欢深厚肥沃并且湿润的沙质土壤，可以耐轻度盐碱土质，不耐干旱和瘠薄土壤；抵抗污染的能力很强，对生活和工业烟尘及二氧化硫等有毒有害气体抗性较强。

木材宜作枕木、桥梁、电杆、车辆、船舶、坑木和建筑、高级地板、家具（箱、柜、桌、椅等）、水车、木桶等用材，还宜作细木工、美工、玩具和乐器用材。

（二）观赏树种

3. 雪松

常绿大乔木，高可达 50 米。喜光，稍耐阴。喜温暖、湿润气候，耐寒，抗旱性强。适生于高燥、肥沃和土层深厚的中性、微酸性土壤，对微碱性土壤亦可适应。忌积水，在低洼地生长不良。

雪松高大雄伟，树形优美，是世界上著名的观赏树之一，可在庭园中对植，也适宜孤植或群植于草坪上。

4. 湿地松

湿地松树干通直,树皮灰褐色,纵裂呈鳞状块片剥落。强阳性,喜温暖气候,较耐水湿和碱土,可忍耐短期淹水,故名。不耐旱,根系发达,抗风力较强。喜深厚肥沃的中性至强酸性土壤,在碱土中种植有黄化现象。

湿地松苍劲而速生,适应性强,材质好,松脂产量高。中国已引种驯化成功达数十年,故在长江以南的园林和自然风景区中作为重要树种应用,是很有发展前途的。可作庭园树或丛植、群植,宜植于河岸池边。

5. 黑松

黑松为常绿乔木,原产地高达 30 m,胸径 2 m。喜温暖湿润的海洋性气候,耐潮风,对海崖环境适应能力较强。对土壤要求不严,忌粘重,不耐积水。

黑松最适宜作海崖风景林、防护林、海滨行道树、庭荫树。公园和绿地内整枝造型后配置假山、花坛或孤植草坪。

6. 侧柏

侧柏树冠广卵形,小枝扁平,排列成 1 个平面。阳性树种,栽培、野生均有。喜生于湿润肥沃排水良好的钙质土壤,耐寒、耐旱、抗盐碱,在平地或悬崖峭壁上都能生长;在干燥、贫瘠的山地上,生长缓慢,植株细弱。浅根性,但侧根发达,萌芽性强、耐修剪、寿命长,抗烟尘,抗二氧化硫、氯化氢等有害气体,分布广,为我国应用最普遍的观赏树木之一。

侧柏是我国应用最广泛的园林绿化树种之一,自古以来就常栽植于寺庙、陵墓和庭园中。

7. 香樟

香樟为常绿大乔木,高达 30 m,胸径 5 m,树冠近球形。树皮灰褐色,纵裂,小枝无毛。喜光,幼苗幼树耐荫。喜温暖湿润气候,耐寒性不强,最低温度 $-10℃$ 时,宿迁的香樟常遭冻害。深厚肥沃湿润的酸性或中性黄壤、红壤中生长良好,不耐干旱瘠薄和盐碱土,耐湿。萌芽力强,耐修剪。抗二氧化硫、臭氧、烟尘污染能力强,能吸收多种有毒气体,较适应城市环境。

香樟树冠圆满,枝叶浓密青翠,树姿壮丽,是优良的庭荫树、行道树。

8. 冬青

冬青为常绿乔木,高达 20 m。树形整齐,树干通直,树皮灰青色,平滑不裂。喜光,耐荫,不耐寒,喜肥沃的酸性土,较耐湿,但不耐积水,深根性,抗风能力强,萌芽力强,耐修剪。对有害气体有一定的抗性。

冬青树冠高大,四季常青,秋冬红果累累,宜作庭荫树、园景树,亦可孤植于草坪、水边,列植于门庭、墙标、甬道。可作绿篱、盆景,果枝可插瓶观赏。

9. 龙爪槐

龙爪槐为落叶乔木,高可达 25 米,树皮灰褐色,具纵裂纹。温带树种,性耐寒,喜阳光,喜干冷气候,但在高温高湿的华南亦生长良好。适生于湿润、深厚、肥沃、排水良好的沙质壤土,在石灰性及轻度盐碱土(含盐量 0.15% 左右)中也能正常生长,但在过于干旱、瘠薄、多风的地方生长不良。深根性、萌芽力不强,生长速度中等,寿命长,对二氧化硫、氟化氢、氯气等有毒气体及烟尘有一定抗性。

庭植,孤植。

10. 女贞

为常绿乔木。株高 10 m,树皮灰色,光滑。喜阳光,但亦耐半阴。喜肥沃的微酸性土壤,中性、微碱性土壤亦能适应,瘠薄干旱则生长慢。花期 6 月。

女贞夏季满树白花,浓荫如盖,终年常绿,苍翠可爱。宜作绿篱,绿墙配植,亦可作行首树,有抗污染能力,为工厂绿化的好树种。

11. 碧桃

碧桃为落叶小乔木,高 8 米左右。喜光,耐寒、耐旱、不耐渍水,喜排水良好的肥沃砂质壤土。

碧桃是我国传统的园林花木。早春时节,花先叶开放,烂漫芳菲,妖艳媚人。在园林配置上,常大片丛植。

12. 垂柳

落叶乔木,高达 12～18 米,树冠开展而疏散。喜光,喜温暖湿润气候及潮湿深厚的酸性及中性土壤。较耐寒,特耐水湿,但亦能生于土层深厚的高燥地区。萌芽力强,根系发达,生长迅速,15 年生树高达 13 米,胸径 24 厘米。但某些虫害比较严重,寿命较短,树干易老化,30 年后渐趋衰老。根系发达,对有毒气体有一定的抗性,并能吸收二氧化硫。

13. 旱柳

落叶乔木,高可达 20 米,胸径达 80 厘米。喜光,耐寒,湿地、旱地皆能生长,但在湿润而排水良好的土壤上生长最好,根系发达,抗风能力强,生长快,易繁殖。

(三) 速生用材树种

15. 冷杉

冷杉为落叶乔木,树冠尖塔形。主干挺拔,枝条纵横,四季常绿。为耐萌性很强的树种,喜冷凉而空气湿润,对寒冷及干燥气候抗性较弱。

冷杉的木材色浅,心边材区别不明显,无正常树脂道,材质轻柔、结构细致,无气味,易加工,不耐腐,为制造纸浆和木纤维的优良原料,可作一般建筑枕木(需防腐处理)、器具、家具及胶合板,板材宜作箱盒、水果箱等。

16. 马尾松

常绿大乔木,高 40 米,胸径通常 1 米左右。亚热带地区的适生树种,性喜温暖湿润的气候。对土壤要求不严,具有较强的耐旱能力,但怕水涝。性喜酸性和微酸性的土壤,尤以 pH 5.5 的丘陵、山地最适宜生长。在石砾土、沙质土、黏土、山脊和阳坡的冲刷薄地上，以及陡峭的石山岩缝里都能生长。

马尾松是我国南部主要材用树种之一，经济价值较高，是江南及华南自然风景区和普遍绿化及造林的重要树种。

17. 鹅掌楸

鹅掌楸为落叶乔木，高达 40 m，胸径 1 m 以上。树冠阔卵形。中性偏阴性树。喜温暖湿润气候，可耐 −15℃ 的低温。在湿润深厚肥沃疏松的酸性、微酸性土上生长良好，不耐干旱贫瘠，忌积水。树干大枝易受雪压、日灼危害，对二氧化硫有一定抗性。生长较快，寿命较长。

鹅掌楸叶形奇特，秋叶金黄，树形端正挺拔，是珍贵的庭荫树、发展前景可观的行道树。

第三节　推荐树种名录

针对低效林改造退化林修复，面向黄淮海平原地区和南方型杨树主产区（实施杨树更新改造），推荐适生树种 189 种。其中，主要推荐树种 69 种，一般推荐树种 120 种，名录如下：

表 6-1　主要推荐树种

类别	序号	中文种名	拉丁种名	科名	生活型
一、珍贵用材树种	1	大叶榉树	*Zelkova schneideriana*	榆科	落叶
	2	杂交马褂木	*Liriodendron chinense × tulipifera*	木兰科	落叶
	3	麻栎	*Quercus acutissima*	壳斗科	落叶
	4	栓皮栎	*Quercus variabilis*	壳斗科	落叶
	5	榔榆	*Ulmus parvifolia*	榆科	落叶
	6	色木槭	*Acer pictum*	无患子科	落叶

续表

类别	序号	中文种名	拉丁种名	科名	生活型
一、珍贵用材树种	7	银杏	*Ginkgo biloba*	银杏科	落叶
	8	柿树	*Diospyros kaki*	柿科	落叶
	9	香椿	*Tonna sinensis*	楝科	落叶
	10	薄壳山核桃	*Carya illinoensis*	胡桃科	落叶
	11	枣树	*Ziziphus jujuba*	鼠李科	落叶
二、观赏树种	12	重阳木	*Bischofia polycarpa*	叶下珠科	落叶
	13	枫香	*Liquidambar formosana*	蕈树科	落叶
	14	七叶树	*Aesculus chinensis*	无患子科	落叶
	15	无患子	*Sapindus mukorossi*	无患子科	落叶
	16	栾树	*Koelreuteria paniculata*	无患子科	落叶
	17	落羽杉	*Taxodium distichum*	柏科	落叶
	18	乌桕	*Triadica sebifera*	大戟科	落叶
	19	北美红栎	*Quercus rubra*	壳斗科	落叶
	20	元宝枫	*Acer truncatum*	无患子科	落叶
	21	合欢	*Albizzia julibrissin*	豆科	落叶
	22	白玉兰	*Yulania denudata*	木兰科	落叶
	23	鸡爪槭	*Acer palmatum*	无患子科	落叶
	24	悬铃木	*Platanus ×acerifolia*	悬铃木科	落叶
	25	中山杉	*Taxodium* 'zhongshanshan'	柏科	落叶
	26	喜树	*Camptotheca acuminata*	蓝果树科	落叶
	27	黄连木	*Pistacia chinensis*	漆树科	落叶
	28	厚朴	*Houpoea officinalis*	木兰科	落叶
	29	丝棉木	*Euonymus bungeanus*	卫矛科	落叶
	30	海棠花	*Malus spectabilis*	蔷薇科	落叶
	31	紫薇	*Lagerstroemia indica*	千屈菜科	落叶
	32	樱花	*Prunus serrulata*	蔷薇科	落叶
	33	黄栌	*Cotinus coggygria*	漆树科	落叶
	34	紫叶李	*Prunus cerasifera* 'Atropurpurea'	蔷薇科	落叶

类别	序号	中文种名	拉丁种名	科名	生活型
二、观赏树种	35	皂荚	*Gleditsia sinensis*	豆科	落叶
	36	广玉兰	*Magnolia grandiflora*	木兰科	常绿
	37	青冈栎	*Cyclobalanopsis glauca*	壳斗科	常绿
	38	龙柏	*S. chinensis* 'Kaizuca'	柏科	常绿
	39	枇杷	*Eriobotrya japonica*	蔷薇科	常绿
	40	桂花	*Osmanthus fragrans*	木樨科	常绿
	41	梧桐	*Firmiana simplex*	锦葵科	落叶
	42	刚竹	*Phyllostachys sulphurea*	禾本科	常绿
三、速生用材树种	43	杨树（雄株）	*Populus* L.	杨柳科	落叶
	44	柳树（雄株）	*Salix*	杨柳科	落叶
	45	泡桐	*Paulownia Sieb. et Zucc*	玄参科	落叶
	46	枫杨	*Pterocarya stenoptera*	胡桃科	落叶
	47	水杉	*Metasequoia glyptostroboides*	杉科	落叶
	48	朴树	*Celtis sinensis*	大麻科	落叶
	49	国槐	*Styphnolobium japonicum*	豆科	落叶
	50	臭椿	*Ailanthus altissima*	苦木科	落叶
	51	楝树	*Melia azedarach*	楝科	落叶
	52	榆树	*Ulmus pumila*	榆科	落叶
	53	君迁子	*D. lotus*	柿科	落叶
	54	白蜡树	*Fraxinus chinensis*	木樨科	落叶
	55	棠梨	*Pyrus xerophila*	蔷薇科	落叶
	56	板栗	*Castanea mollissima*	壳斗科	落叶
	57	杜仲	*Eucommia ulmoides*	杜仲科	落叶
	58	池杉	*Taxodium distichum*	柏科	落叶
	59	刺槐	*Robinia pseudoacacia*	豆科	落叶

类别	序号	中文种名	拉丁种名	科名	生活型
四、经济林果树种	60	桃树	*Prunus persica*	蔷薇科	落叶
	61	梨树	*Pyrus sorotina*	蔷薇科	落叶
	62	李	*Pyrus salicina*	蔷薇科	落叶
	63	杏	*Prunus armeniaca*	蔷薇科	落叶
	64	石榴	*Punica granatum*	千屈菜科	落叶
	65	山楂	*Crateagus pinnatifida*	蔷薇科	落叶
	66	葡萄	*Vitis vinifera*	葡萄科	落叶
	67	樱桃	*Cerasus pseudocerasus*	蔷薇科	落叶
	68	无花果	*Ficus carica*	桑科	落叶
	69	木瓜	*C. sinensis*	蔷薇科	落叶

表 6-2　一般推荐树种

类别	序号	中文种名	拉丁种名	科名	生活型
一、珍贵用材树种	1	青檀	*Pteroceltis tatarinowii*	大麻科	落叶
	2	柞木	*Xylosma congesta*	大风子科	落叶
	3	枳椇	*Hovenia acerba*	鼠李科	落叶
	4	黄檀	*Dalbergia hupeana*	豆科	落叶
	5	楸树	*C. bungei*	紫葳科	落叶
	6	梓树	*Catalpa ovata*	紫葳科	落叶
	7	石栎	*Lithocarpus glaber*	壳斗科	常绿
二、观赏树种	8	日本冷杉	*Abies firma*	松科	常绿
	9	雪松	*Cedrus deodara*	松科	常绿
	10	白皮松	*P. bungeana*	松科	常绿
	11	湿地松	*P. elliottii*	松科	常绿
	12	日本五针松	*P. parviflora*	松科	常绿
	13	火炬松	*P. taeda*	松科	常绿
	14	黑松	*P. thunbergii*	松科	常绿
	15	金钱松	*Pseudolarix amabilis*	松科	常绿

续表

类别	序号	中文种名	拉丁种名	科名	生活型
	16	长叶松	*Pinus palustris*	松科	常绿
	17	柳杉	*Cryptomeria japonica*	柏科	常绿
	18	金松	*Sciadopitys verticillata*	金松科	常绿
	19	水松	*Glyptostrobus pensilis*	柏科	常绿
	20	日本扁柏	*Chamaecyparis obtusa*	柏科	常绿
	21	日本花柏	*C. pisifera*	柏科	常绿
	22	美国扁柏	*C. lawsoniana*	柏科	常绿
	23	中山柏	*C. lusitanica*	柏科	常绿
	24	刺柏	*Juniperus formosana*	柏科	常绿
	25	瓔珞柏	*Juniperus communis*	柏科	常绿
	26	侧柏	*Platycladus orientalis*	柏科	常绿
	27	圆柏	*Juniperus chinensis*	柏科	常绿
二、观赏树种	28	塔枝圆柏	*Juniperus komarovii*	柏科	常绿
	29	翠柏	*Calocedrus macrolepis*	柏科	常绿
	30	鹿角桧	*Juniperus × Pfitzeriana*	柏科	常绿
	31	香柏	*Thuja occidentalis*	柏科	常绿
	32	日本香柏	*T. standishii*	柏科	常绿
	33	北美乔柏	*T. plicata*	柏科	常绿
	34	红豆杉	*Taxus wallichiana var. chinensis*	红豆杉科	常绿
	35	香榧	*Torreya grandis*	红豆杉科	常绿
	36	罗汉松	*Podocarpus macrophyllus*	罗汉松科	常绿
	37	短叶罗汉松	*P. macrophyllus* 'Maki'	罗汉松科	常绿
	38	狭叶罗汉松	*P. macrophyllus* 'Angustifolius'	罗汉松科	常绿
	39	二乔玉兰	*Yulaniax soulangeana*	木兰科	落叶
	40	白兰花	*Michelia Xalta*	木兰科	常绿
	41	香樟	*Cinnamomum camphora*	樟科	常绿
	42	月桂	*Laurus nobilis*	樟科	常绿
	43	三角枫	*Acer buergerianum*	无患子科	落叶

类别	序号	中文种名	拉丁种名	科名	生活型
	44	五角枫	*Acer pictum subsp. mono*	无患子科	落叶
	45	红枫	*A. palmatum* 'Atropurpureum'	无患子科	落叶
	46	日本槭	*A. japonicum*	无患子科	落叶
	47	梣叶槭	*A. negundo*	无患子科	落叶
	48	盐肤木	*Rhus chinensis*	漆树科	落叶
	49	南酸枣	*Choerospondias axillaris*	漆树科	落叶
	50	冬青	*Llex chinensis*	冬青科	常绿
	51	刺楸	*Kalopanax septemlobus*	五加科	落叶
	52	黄金树	*Catalpa speciosa*	紫葳科	落叶
	53	金合欢	*Vachellia farnesiana*	豆科	落叶
	54	山皂荚	*G. japonica*	豆科	落叶
二、观赏树种	55	毛洋槐	*R. hispida*	豆科	落叶
	56	龙爪槐	*S. japonicum* 'pendula'	豆科	落叶
	57	五叶槐	*S. japonicum* f. *oligophyllum*	豆科	落叶
	58	金银木	*Lonicera maackii*	忍冬科	落叶
	59	梾木	*Cornus macrophylla*	山茱萸科	落叶
	60	山茱萸	*C. officinalis*	山茱萸科	落叶
	61	红瑞木	*C. alba*	山茱萸科	落叶
	62	灯台树	*C. controversa*	山茱萸科	落叶
	63	毛梾	*C. walteri*	山茱萸科	落叶
	64	秋枫	*Bischofia javanica*	叶下珠科	落叶
	65	野核桃	*Juglans cathayensis*	胡桃科	落叶
	66	化香	*Platycarya strobilacea*	胡桃科	落叶
	67	构树	*Broussonetia papyrifera*	桑科	落叶
	68	洋白蜡	*F. pennsylvanica*	木樨科	落叶
	69	绒毛白蜡	*F. velutina*	木樨科	落叶
	70	女贞	*Ligustrum lucidum*	木樨科	落叶
	71	美国梧桐	*P. occidentalis*	悬铃木科	落叶

类别	序号	中文种名	拉丁种名	科名	生活型
二、观赏树种	72	铜钱树	*Paliurus hemsleyanus*	鼠李科	落叶
	73	湖北海棠	*M. hupehensis*	蔷薇科	落叶
	74	西府海棠	*Malus Xmicromalus*	蔷薇科	落叶
	75	石楠	*Photinia serratifolia*	蔷薇科	落叶
	76	椤木石楠	*P. davidsoniae*	蔷薇科	落叶
	77	梅	*Armeniaca mume*	蔷薇科	落叶
	78	红梅	*A. mume* f. *alphandii*	蔷薇科	落叶
	79	白梅	*A. mume* f. *alba-plena*	蔷薇科	落叶
	80	照水梅	*A. mume* f. *pendula*	蔷薇科	落叶
	81	绿萼梅	*A. mume* f. *viridicalyx*	蔷薇科	落叶
	82	杏梅	*A. mume* 'Bungo'	蔷薇科	落叶
	83	红叶桃	*A. persica* f. *atropurpurea*	蔷薇科	落叶
	84	碧桃	*A. persica* f. *duprex*	蔷薇科	落叶
	85	垂枝碧桃	*A. persica* f. *pendula*	蔷薇科	落叶
	86	红花碧桃	*A. persica* f. *rubro-plena*	蔷薇科	落叶
	87	日本樱花	*Prunus yedoensis*	蔷薇科	落叶
	88	日本晚樱	*Prunus serrulata* var. *lannesiana*	蔷薇科	落叶
	89	毛樱桃	*Prunus tomentosa*	蔷薇科	落叶
	90	垂柳	*Salix babylonica*	杨柳科	落叶
	91	河柳	*S. chaenomeloides*	杨柳科	落叶
	92	旱柳	*S. matsudana*	杨柳科	落叶
	93	龙爪柳	*S. matsudana* f. *tortuosa*	杨柳科	落叶
	94	金丝柳	*S. alba* 'Tristis'	杨柳科	落叶
	95	全缘叶栾树	*K. ingrifolia*	无患子科	落叶
	96	复羽叶栾树	*K. bipinnata*	无患子科	落叶
	97	糙叶树	*Aphananthe aspera*	大麻科	落叶
	98	野茉莉	*Styrax japonicus*	安息香科	落叶
	99	小叶白辛树	*Pterostyrax corymbosus*	安息香科	落叶

类别	序号	中文种名	拉丁种名	科名	生活型
二、观赏树种	100	杜英	*Elaeocarpus decipiens*	杜英科	落叶
	101	厚壳树	*Ehretie thyrsiflora*	紫草科	落叶
	102	欧洲七叶树	*A. hippocastanum*	无患子科	落叶
	103	日本七叶树	*A. turbinata*	无患子科	落叶
	104	孝顺竹	*Bambusa multiplex*	禾本科	常绿
	105	毛竹	*Phyllostachys edulis*	禾本科	常绿
三、速生用材树种	106	冷杉	*A. fabri*	松科	常绿
	107	华山松	*Pinus armandii*	松科	常绿
	108	柏木	*Cupressus funebris*	柏科	常绿
	109	马尾松	*P. massoniana*	松科	常绿
	110	鹅掌楸	*Liriodendron chinense*	木兰科	落叶
	111	杂交鹅掌楸	*Linodendron chinense×tulipifera*	木兰科	落叶
	112	加杨	*Populus×canadensis*	杨柳科	落叶
	113	毛白杨	*P. tomentosa*	杨柳科	落叶
	114	小叶杨	*P. simonii*	杨柳科	落叶
四、经济林果树种	115	油橄榄	*Olea europaea*	木樨科	常绿
	116	油桐	*Vernicia fordii*	大戟科	落叶
	117	核桃	*J. regia*	胡桃科	落叶
	118	桑树	*Morus alba*	桑科	落叶
	119	苹果	*M. pumila*	蔷薇科	落叶
	120	柑橘	*Citrus reticulata*	芸香科	落叶

附录一

宿迁市人民政府关于印发
全市杨树更新改造工作实施方案的通知

宿政发〔2015〕166 号

各县、区人民政府，市各开发区、新区、园区、景区管委会，市各有关部门和单位：

《全市杨树更新改造工作实施方案》已经市政府四届四十四次常务会议审议通过，现印发给你们，请认真组织实施。

宿迁市人民政府
2015 年 11 月 3 日

全市杨树更新改造工作实施方案

建市以来，全市上下紧紧围绕"生态宿迁、绿色家园"的建设目标，从 2001 年起连续 10 年开展杨树产业年活动，大力推进城乡绿化，取得了显著成效。到 2014 年底，全市杨树成片林面积达 260 万亩，活立木蓄积量达 1 500 万立方米，林木覆盖率达 30.12%，位列全省第二,先后荣获国家园林城市、全国绿化模范城市等荣誉称号,杨树在农民增收、产业发展、生态建设等方面发挥了重要作用。但是,由于我市主栽树种杨树占比较高,生物多样性不足,生态脆弱,容易导致病虫害增多、杨树飘絮等诸多问题。为加快推进全市杨树更新改造,进一步优化城乡绿化树种结构,提高森林资源质量,丰富生物多样性,特制订工作实施方案。

一、指导思想

以"杨树更新改造年"活动为抓手,在"成片林面积不减、森林覆盖率不降、生态景观效果不弱化"的前提下,按照政府引导、科学规划、依法推进、有序更新、绿化达标的工作要求,持续推进"生态宿迁、绿色家园"建设,稳步推进杨树更新改造,完成更高标准绿化造林,进一步提高造林绿化质量,增强森林生态功能,提升生物多样性,努力实现生态文明建设和经济社会环境可持续发展。

二、基本原则

(一)坚持生态效益与经济效益相结合。调整优化树种结构,既要突出生态作用,更要兼顾经济、景观、生态效益。生态公益林建设突出大规模、大乔木、多树种、宽林带,着力培育森林生态体系;商品林建设根据市场需求,培育经济林、用材林和工业原料林,提高林地产出率;现有杨树林木主要加快采伐老弱病株,有序更新杨树雌株,优化结构。

(二)坚持政府引导与农民自愿相结合。充分发挥政府在生态文明建设中的决策主体、监管主体和服务主体作用,加大杨树更新改造宣传引导和公共财政投入力度,动员吸引全社会力量参与到杨树更新改造中来。在充分尊重农民意愿的基础上,将群众呼声、政府规划和全社会自觉行动结合起来,合力推进杨树更新改造稳妥进行。

(三)坚持科学规划与适地适树相结合。按照主城区(规划范围)、郊区和城镇、农村(河道主干道、农田林网、村庄庄台)进行分区规划设计,按照不同杨树品种、树龄结构制订采伐更新方案,合理安排杨树雄株（含雄性不育，下同）与其它绿化树种栽植比例，打造城乡特色绿化新格局。选择树种以适地适树为主要依据，根据区域特点和立地条件增加优良乡土树种、高效经济树种和绿化景观树种。

三、目标任务

从 2015 年秋季起，连续 5 年持续开展"杨树更新改造年"活动，前 3 年按照"一年启动、二年改观、三年见效"的工作要求逐年推进，力求实现造林绿化效益更高、景观更美、结构更稳定；到 2020 年全市完成更新改造杨树雌株面积 115.28 万亩，全市基本控制杨絮暴发，实现树种林种多样、森林健康高效、生物多样性丰富、生态功能趋于完备等目标。

四、更新进度

（一）第一阶段（2015 年 6—10 月），论证规划。成立全市杨树更新改造领导小组及办公室，明确奖惩政策，全面启动杨树更新改造工作。广泛征求专家和社会各界意见，履行重大决策流程，制订全市杨树更新改造实施方案。按照主城区、郊区城镇、农村庄台三个主次进行分类规划，对 16 年以上过熟树（或小老树）、10—15 年大树（已成熟）、6—9 年中树按先后顺序进行总体规划布局。各县区（开发区、新区）按照年度计划，启动杨树更新改造工作。

（二）第二阶段（2015 年 11 月—2019 年 12 月），全面推进。持续推进"杨树更新改造年活动"，在全市掀起造林绿化工作热潮。2015 年 11 月启动市中心城市和县城建成区规划范围内杨树更新改造，2016 年—2019 年逐步推进 16 年以上成熟杨树、县城城镇集中居住区杨树、通道和农村庄台杨树等主要区域更新改造，确保造林绿化到位，完成更新改造主体任务。

（三）第三阶段（2020 年），完善提高。各县区（开发区、新区）在杨树更新改造前期工作成果的基础上，进行查漏补缺，总结提高，完善巩固，实现造林绿化任务全部完成，基本控制杨絮暴发。

五、工作要求

（一）**实施进度上注重循序渐进**。杨树更新改造进度安排要注意统筹协调、循序渐进,同步考虑苗木繁育储备、科技支撑服务、舆论宣传引导、采伐限额管理、造林营林机制。要按照先易后难的顺序确定杨树更新改造地块,先城区后农村,先成熟林后中龄林,先低效林(小老树)后优质林,率先在国有、集体所有林木上先行更新改造示范。对暂时无法更新的杨树飘絮雌株,可以采取重度修枝或直接清除结果枝的办法减少飘絮数量,也可以进行隔行隔株择伐,待时机成熟再进行更新。对采伐后无法造林的地块,暂不列入更新范围,不得采伐。对重要区位、古树名木、生态标志、种质资源的杨树林木,特别是树龄长、飘絮少、雄壮美观的老杨树要加以保护。

（二）**树种选择上注重适地适树**。要根据自然条件、区域特点、土壤结构等选择适合生长的乡土、绿化和经济树种,合理安排杨树雄株与其它绿化树种栽植比例。湖泊、河流、道路、农田林网等生态廊道,要以杨树雄株等用材树种为主,杨树雄株占比不低于50%;农村庄台和集中居住区,要以经济林果为主,杨树雄株占比控制在30%以内;城郊、小城镇和街道,要以景观乡土树种为主,常绿和花灌木配置,杨树雄株占比控制在10%以内;城市新建绿化工程,不提倡栽植杨树等用材树种。

（三）**实施方法上注重建立机制**。建立种苗生产经营机制,对繁育杨树雄株和其它适生树种种苗予以资金扶持,提高良种补贴覆盖面,力争优质苗木自给率达50%。市林业局要加强林木种苗质量监管,开展杨树雄株基地认定工作,逐步提高良种使用率。要健全营林机制,严格落实更新地块主体责任,从选苗、栽植到抚育、养护实行全程监管,真正做到苗木优质、栽植科学、栽一片活一片。要形成管护机制,按照"谁造林、谁管护、谁负责"的原则强化管护主体责任,对责任落实不到位、苗木生长差、保存率不高的将进行问责。农村要扶持建立林下种植经济作物、中药材、食用菌等模式,提高林地综合效益。

（四）推进过程中注重依法更新。各地各部门、各责任单位要严格按照先规划、后批准、再实施的程序组织杨树更新采伐,严禁无证采伐、乱砍滥伐、只采伐不造林。对生态公益林、国有林杨树更新改造,涉及增加采伐限额和报请省级批准采伐的,要以县区为单位履行审批程序后再持证采伐。林业、司法等部门要加大对毁林行为的查处力度,确保有序采伐,坚决杜绝只采伐不造林现象发生。为使林地属性不变,面积不减,守住生态红线,对有权属争议、经营主体造林积极性不高的林地,各地要落实责任措施,确保采伐后及时补植到位;对无法原地造林的,要履行手续、易地造林、占补平衡。

六、保障措施

（一）明确责任分工。为加强对杨树更新改造的组织领导和统筹协调,市政府成立专门工作领导小组,领导小组办公室设在市林业局,承担日常工作。各县（区）政府（管委会）要强化组织领导,落实扶持政策、工作责任和推进举措,深入扎实开展"杨树更新改造年"活动。市林业部门负责农村范围内杨树更新改造的规划指导、技术发布、苗木把关、质量检查等业务工作,指导城乡杨树更新改造工作科学有序进行。市住建（园林）部门负责市区规划范围内杨树更新改造组织实施工作。市交通部门负责国道、省道和管辖航道等控制线范围的杨树更新改造,协调高速公路管理机构及指导县区交通部门进行杨树更新改造。市水利部门负责管辖范围内河渠两侧的杨树更新改造工作,指导各县区水利部门进行杨树更新改造。市农业开发、农业、水利、国土资源等部门负责对新建高标准农田范围内的杨树更新改造规划和督促实施工作。

（二）加强宣传引导。各地各部门要充分运用报刊、广播、电视、网络等媒体,广泛宣传"杨树更新改造年"活动的必要性和重要意义。要通过新闻报道、典型宣传、工作综述、专题专访等形式,加强正面宣传和舆论引导,提高社会各界对杨树更新改造工作的知晓度和参与度,为更新改造工作有序开展营造良好氛围。要着力做好基层社区和村组的宣传走访工作,积极动员广大林农参与到杨树更新改造活动中来,努力将群众性的自发更新改造活动与政府推动的重点区域示范带动作用相结合,不断提高杨树更新改造的质量和水平。

(三)实施政策激励。各县区(开发区、新区)要研究制订和执行杨树更新改造扶持和奖补政策,对区域范围内杨树更新改造工作完成较好的,特别是造林绿化成本大、预期效果好的重要地段,相应给予一定的财政补助,引导社会资金向杨树更新改造聚集。要统筹使用好国家、省有关生态建设、绿色江苏等造林绿化资金,对杨树更新改造、杨树雄株育苗及其它树种良种种苗繁育予以补贴。市财政将安排专项资金,奖补杨树更新改造工作。

(四)强化考核奖惩。市政府每年召开全市杨树更新改造工作动员大会,每年 11 月、翌年 1 月、3 月分别召开规划启动、采伐整地、造林绿化推进会,总结部署杨树更新改造工作,兑现奖惩措施。市委市政府督查室将会同林业等部门加大对杨树更新改造工作的督查力度,定期不定期通报各地工作进展情况。对只采伐不造林,或连续 2 年未更新到位的,将追究地方或单位的经济和行政责任。通过行政推动、现场考核、责任追究等措施,在全市掀起杨树更新改造的热潮,确保完成年度和总体目标任务。

附件:1. 全市杨树更新改造(造林绿化)目标任务分解表

2. 全市杨树更新改造(造林绿化)分类任务表

3. 全市造林绿化树种选择推荐表

附件 1

全市杨树更新改造(造林绿化)目标任务分解表

单位:万亩、株

年度 / 县区	小计	2015年秋冬	2016年	2017年	2018年	2019年	2020年春
总计	115.28	0.96	13.37	23.23	26.16	25.38	26.15
沭阳县	35	0.04	0.56	7.00	9.00	9.400	9.00
泗阳县	26.44	0.10	3.77	6.04	5.89	4.93	5.71
泗洪县	21.00	0.19	5.05	4.3	4.05	3.74	3.67
宿豫区	12.05	0.02	1.29	2.00	2.50	2.82	3.42
宿城区	12.82	0.26	1.21	2.44	2.85	2.76	3.30
市湖滨新区	4.78	0.06	0.81	0.89	1.08	1.24	0.70
市洋河新区	1.83	0.20	0.63	0.29	0.42	0.16	0.13
宿迁经济技术开发区	1.36	0.09	0.05	0.3	0.37	0.33	0.22
市中心城区	1335株	709株	626株	市中心城区为东至黄河路(不含)—西至环城西路(含)—南至项王路(不含)—北至骆马湖二线大堤(含)			

附件 2

全市杨树更新改造（造林绿化）分类任务表

单位：万亩，万株

县区	总计		中心城区		农村大环境						庄台四旁	城镇、居住区	
					河渠		道路		林网				
	面积	株数	面积	株数	面积	株数	面积	株数	面积	株数	株数	面积	株数
合计	115.28	3 685.46	1.22	37.69	60.51	1 090.39	19.65	505.62	35.11	172.02	1 507.60	10.93	372.15
沭阳县	35.00	476.70	0.07	4.88	32.58	384.87	2.35	46.95	5.00	20.00	20.00	—	—
泗阳县	26.44	342.59	0.08	1.50	3.98	73.29	1.59	29.89	19.89	64.92	161.95	0.90	11.04
泗洪县	21.00	1 700.00	0.45	11.18	11.51	287.73	9.04	226.10	—	—	1 175.00	—	—
宿豫区	12.05	464.58	0.02	0.80	2.33	87.60	1.84	69.40	—	—	—	7.86	306.78
宿城区	12.82	444.98	0.38	15.30	8.04	207.15	3.73	97.06	7.14	37.84	67.60	0.67	20.03
市湖滨新区	4.78	97.67	0.12	1.44	0.82	9.84	0.29	11.46	2.88	34.62	29.00	0.67	11.31
市洋河新区	1.83	90.75	0.09	2.35	0.79	19.81	0.31	7.09	—	5.20	37.20	0.64	19.10
宿迁经济技术开发区	1.36	68.19	0.01	0.24	0.46	20.10	0.50	17.67	0.20	9.44	16.85	0.19	3.89

附件 3

全市造林绿化树种选择推荐表

类别	技术要求	主要树种（品种）
行道树	夏有荫、冬有阳的落叶阔叶大乔木为主	城镇：悬铃木（少球或无球，下同）、马褂木、楝树、榉树、杜仲、重阳木、泡桐、梧桐、榆树、乌桕、银杏（实生）、皂荚、臭椿等
		农村：杨树雄株（包括雄性不育，下同）、楝树、银杏（实生）、泡桐、刺槐、乌桕、杜仲、香椿等
农田林网	窄冠、喜水、抗风的落叶大乔木	主林带：杨树雄株、落羽杉等落叶大乔木
		副林带：落羽杉、中山杉、水杉等窄冠形落叶乔木
村庄绿化	用材林、经济林为主，兼具景观	庭院外：以薄壳山核桃、银杏、板栗、大枣等木本粮油树种为主，发展柿树、香椿、花椒等果用(叶用)林，搭配樱花、海棠、梅花、紫薇、紫玉兰等花木
		庭院内：枇杷、石榴、葡萄、油桃、木瓜等果树，间植桂花、红枫、海棠等花木
		围庄林：杨树雄株、泡桐、刺槐、国槐、榆树、乌桕等乔木
河湖滩地	耐水湿	堤坡堤顶栽植防护、用材兼具的杨树雄株等速生乔木，滩地、临水栽植耐水湿的落羽杉、池杉、枫杨等乔木
岗区坡地	耐旱、耐瘠薄	薄壳山核桃、银杏、板栗、大枣等木本粮油和杏、李、山楂等经济林果
公园绿地	不选择用材树种，常绿树作为背景树或球状景观树	背景树：绿量大、果实多的招鸟引鸟乔木，如香樟（特殊区位）、乌桕、楝树、桑树、构树等
		景观树：樱花、海棠、梅花、紫薇、紫玉兰等花灌木，石楠、海桐、黄杨等球状常绿树种
生态林带	大乔木为主	梧桐、苦楝、刺槐、皂荚、臭椿、榉树、乌桕、乔木桑、梓树、马褂木、水杉、池杉、落羽杉等

说明：可选择树种众多，只列其中一部分供参考。

附录二

泗洪县林场改造项目批复文件

泗洪县林业局文件

洪林计字〔2022〕1 号

―――――――――――――――――――――――――

关于对全省营造林试点项目泗洪县林场
改造低效林退化林修复试点示范项目实施
方案的批复

泗洪县半城马浪湖林场有限公司：

你林场《关于上报全省营造林试点项目泗洪县林场改造低效林退化林修复试点示范实施方案的请示》收悉。我局组织专家对《全省营造林试点项目泗洪县林场改造低效林退化林修复试点示范实施方案》(以下简称《实施方案》)进行了审查,现予以批复。有关事项通知如下：

一、原则上同意你林场上报的《实施方案》，建设内容严格按项目实施方案执行，建设资金主要为 2022 年江苏省林业发展专项资金（国土绿化）省财政预算内投资资金。

二、你林场要严格按照《实施方案》要求将建设内容进一步细化，明确工作职责，确保项目进度。

三、你林场要严格按照《实施方案》要求实施，不得擅自变更建设内容，对切实需要调整变更的项目，应当及时申请履行调整变更手续。并健全建设档案。

四、你林场要切实加强资金管理，不得截留、挪用、套取资金。对项目建设进度、资金使用及建设成效等进行不定期自查。此项目资金进行独立核算，确保专款专用，提高专项资金使用绩效。

附件:《全省营造林试点项目泗洪县林场改造低效林退化林修复试点示范》实施方案

泗洪县林业局

2022 年 8 月 22 日

附件：

《全省营造林试点项目泗洪县林场改造低效林退化林修复试点示范》实施方案

根据国家和省科学绿化工作要求和省林业局办公室《关于开展营造林试点项目申报的通知》，编制以下方案：

一、目的意义

按照"稳总量、提质量、出精品、创特色"的总体思路，对泗洪县林场马浪湖分场地下水位较高、受季风影响倒伏、林木生长缓慢、病虫危害严重的低效林更新改造、退化林抚育修复，突出示范功能，本土特色，达到提高林木生长量、增加森林碳汇能力的目的。通过开展试点示范、典型带动，为全市造林绿化提供示范样板。

二、建设目标

1. 用地选择符合用途管制要求；

2. 树种选择符合适地适树要求；

3. 作业设计符合科学化要求；

4. 技术应用符合标准化要求；

5. 经费使用符合规范化要求。

三、实施单位

实施单位：泗洪县半城马浪湖林场有限公司

四、实施地点及规模

泗洪县林场马浪湖林场，地类为林地（详见附件：项目位置图），总面积 1 083 亩，其中低效林更新 170 亩、退化林修复 913 亩。

五、试点示范内容

（一）低效林更新示范

1. 造林模式：对马浪湖分场中的低效林按照程序进行采伐，更新营造速生丰产林。

2. 面积:170 亩,其中 1 号样地 62 亩,2 号样地 88 亩,3 号样地 20 亩。

3. 良种:南林 3 804 杨(国 S-SC-PD-004-2010)、南林 862 杨(国 S-SC-PD-003-2010)和南林 3 412 杨(国 S-SC-PD-005-2010)

4. 更新造林措施:对达到成熟的飘絮杨树雌株成片林按照程序进行采伐,更新造林采取密度控制,株行距 6 m×6 m;机械化开挖 1 m 见方树塘;栽植后采取黑地面覆盖保墒保水;开展营林抚育、复合经营提高林地综合效益。

(二)退化林修复示范

1. 营林模式:对地下水位高、品种混杂、株行距不合理的退化林,分别采取开沟降渍、品种更新、密度控制、修枝抚育、病虫防控、复合经营等措施,提高林木生长量,增加林地综合效益,营造健康高效森林。

2. 面积:共计 913 亩,其中 4 号样地 282 亩,5 号样地 158 亩,6 号样地 473 亩。

3. 良种:南林 3 804 杨(国 S-SC-PD-004-2010)、南林 862 杨(国 S-SC-PD-003-2010)和南林 3 412 杨(国 S-SC-PD-005-2010)。

4. 营林抚育措施:根据不同地类特点和退化原因,分别采取抚育管护措施。4 号样地品种混杂、株行距不合理、树木倒伏、树势较弱,采取卫生采伐、壮苗补植、密度控制、修枝抚育等方法;5 号样地地下水位高、树势弱、病虫危害严重,采取开沟降渍、卫生采伐、品种更新、病虫防治等方法;6 号样地树木生长缓慢,采取修枝抚育、复合经营等方法。

六、进度安排

实施期限 2022 年 1 月—2023 年 6 月。

2022 年 1—2 月:落实项目实施地点,完成方案编制,申请项目立项。

2022 年 3—5 月:确定具体实施单位,对项目进行方案设计,开展土地整理、树塘开挖、卫生采伐以及苗木栽植等工作。

2022 年 6—10 月:新栽植苗木适时进行浇灌、扶正,开展夏季修枝、病虫防治、施肥除草、复合经营等措施。

2022 年 11 月—2023 年 2 月:冬季修枝、抚育管护、病虫预防等。

2023 年 3—4 月:进行苗木补植,开展复合经营、病虫防治、抚育施肥等。

2023 年 5—6 月:建立管护机制。

2023 年 7—12 月:开展项目总结,结题验收。

七、经费预算

略。

附录三

低效林改造工作表

表1　低效林小班样地调查表

改造单位（乡镇）		林班号（村）				小班综合地块号	
地块地理坐标						地块面积/hm²	
林分现状	起源		林种			经营目标	
	林分组成			主要树种			
	林层		林龄			每公顷株数	
	郁闭度		植被覆盖度			林木分布状况	
	混交类型		树种适宜度				
	树种＼生长指标	平均树高/m	平均胸径/cm	蓄积m³/hm²	经济树种产品	年产量kg/hm²	品质
	主要病虫害		受害株数/hm²			死亡濒死木株数/hm²	
	具有天然更新能力的树种		天然更新数量/hm²			天然更新分布	
	其他说明(a)						

续表

改造单位 （乡镇）		林班号（村）			小班综合 地块号	
立地条件	地貌类型		海拔		坡位	
	坡度		坡向		土壤类型	
	土层厚度/cm		pH 值		土壤质地	
类型 与成因	低效林和退化 林类型		主要成因			
	林分评价（b）					
备注						
	（a）除表中林分现状所列因子外，对低效林改造和退化林修复设计有指示 或参考价值的信息； （b）根据低效林评判标准进行林分评价。					

调查者： 设计者： 调查日期： 年 月 日

表2 低效林改造小班样地作业设计表

改造单位 （乡镇）			林班号（村）			小班综合地块号	
地块地理坐标						地块面积/hm²	
改造修复 设计	改造修复年度		设计造林面积			改造修复方式	
	改造修复功能定位（主导功能和辅助功能）						
	目的树种及 组成比例		目标直径			林分结构	
	改造修复 方法		补植树种			补植株数	
	保留树种		保留株数			初植密度 （株/hm²）	
	采伐树种		采伐株数			采伐蓄积 （m³）	
	其他措施 设计		卫生伐			修枝	
	其他设计 说明						
作业 要求	树种配置 要求						
	水土保持 措施						
	病（虫）源木 处理						
	土壤改良 措施						
	珍稀物种 保护						
	环境保护 措施						
备注							
	根据改造修复方式确定的其他措施。						

设计者：　　　　　　　　　　设计日期：　　年　　月　　日

表3 低效林改造小班样地作业设计一览表

乡镇（林场）	林班	小班综合地块	小班综合地块面积/hm²	林植造林面积/hm²	低效林和退化林类型	改造修复方法	林种	树种配置及比例	成活（保存）株数/株	初植密度（株/hm²）	需苗量/株	整地方式	整地穴规格	基肥要求	基肥数量 有机肥	抚育要求	造林时间	备注

表4　低效林改造作业小班评分表

检查项目		得分值	标准分	检查方法及评分标准
（一）技术流程 （15分）	调查评价		3	符合要求得满分,缺少项目酌情扣分
	作业设计		4	
	查验审批		4	
	施工管理		4	
（二）作业设计 （25分）	面积		5	符合要求正确得满分
	林分现状描述		5	主要内容,缺1项扣1分
	目标设计		5	主导功能和辅助功能各占50%分数
	作业方式		5	主要技术参数,缺1项扣1分
	改造强度		5	措施及其合理性、可行性各占1分
（三）施工质量 （35分）	施工准备		6	参照要求执行情况打分
	作业面积和位置		5	和设计完全吻合得满分
	作业措施		6	完全符合设计要求得满分
	保留树种结构		6	完全符合设计要求得满分
	保留林分郁闭度		6	和设计目标吻合得满分
	种苗质量		6	达到设计要求吻合得满分
（四）环保与安全 （25分）	场地卫生状况		5	有废弃物未处理、运出扣2分
	水土流失状况		5	出现冲刷、严重侵蚀现象得0分
	人身安全		5	发生人身安全事故得0分
	生物多样性保护		5	生物多样性降低或野生动植物破坏得0分
	社会参与		5	社会效益、公众反响好得满分

附录四

农村绿化规划与建设正负面清单

主要内容		正面清单	负面清单	备注
绿化准备	规划设计	先调查后规划再施工	直接施工（没有调查、规划、评估）	
	整地排水	先整地后植树	直接植树（未留排涝通道）	
树种选择	主体树种	"三化"树种（珍贵化、彩色化、效益化）、乡土树种	女贞、构树、杨树雌株、柳树雌株等，未经驯化的外来树种（品种）	不同土壤质地的树种选择见《宿迁市农村绿化导则》，下同
	大环境（野外）	景观（观赏型）树种、用材树种	特用型或采摘型树种（银杏、薄壳山核桃、香椿、杜仲等，水果类树种）	
	行道树	浓荫型树种（夏有荫，冬有阳）；落叶阔叶大乔木	常绿树种（女贞、香樟等）；针叶树种	人行道两侧的遮荫树种
	岗区坡地	耐旱树种、耐瘠薄树种	喜水而不耐旱树种（落羽杉、水杉、榉树等）	
	湖区滩地	耐渍树种、喜水树种	肉根类树种（银杏、泡桐、香樟、广玉兰等）	

续表

主要内容		正面清单	负面清单	备注
密度控制	大乔木	每亩 11～33 株（杉科树种可达 74 株以上）	每亩少于 10 株或多于 75 株	小乔木介于两者之间
	灌木	每亩 88～555 株（杞柳可达 6000 株以上）	每亩少于 74 株或多于 1100 株	
苗木质量	品种与干型	优良品种、全冠、大苗壮苗	古树，截干的树木（苗木），未经审定（认定）的品种	悬铃木等速生树种可以截干（定干高度应大于 3 米）
	杨、柳科树种	杨树雄株：地径 ≥3.5 厘米，高度≥4 米；柳树雄株：地径 ≥2.5 厘米，高度≥3 米	杨树雄株：地径 ≤3.5 厘米或高度≤4 米；柳树雄株：地径 ≤2.5 厘米或高度≤3 米	杨树雌株、柳树雌株全为负面清单（见树种选择）
	一般造林树种	米径 3～4 厘米到 7～8 厘米的壮苗	米径<3 厘米的弱苗；米径 8 厘米以上的大苗（造林成本过大，截干影响树形）	薄壳山核桃、银杏等极慢生树种的苗木规格可适当下调
	节点绿化树种	米径 6～8 厘米到 16 厘米的大苗壮苗	米径 16 厘米以上的大树（移植成本过大，截干影响树形，树势减弱）	
栽植时间	春季	惊蛰至清明（3 月 5—7 日到 4 月 4—6 日，苗木发叶之前）	雨水（2 月 18—20 日）之前（易有冰冻）；立夏（5 月 5—7 日）之后（苗木发叶而蒸发量加大）	特别注意：避免苗木暴晒，防止失水
	秋冬季	12 月 10 日—12 月 31 日（落叶树木的苗木落叶量超过一半）	小雪（11 月 22—23 日）之前（苗木未停止生长，蒸发量很大）；小寒（翌年 1 月 5—7 日）之后（苗木易冻伤）	特别注意：避开气温低于 0℃且北风天气，防止苗木冻伤

参考文献

［1］李挺华,李玲.造林树种选择的五项原则［J］.河南林业,2003(1):24.

［2］孙时轩.造林学第 2 版［M］.北京:中国林业出版社,1992.

［3］田颖锐.造林学［M］.北京:中国林业出版社,1994.

［4］国家林业局.低效林改造技术规程:LY/T 1690—2017［S］.北京:中国标准出版社,2017.

［5］国家林业和草原局.退化防护林修复技术规程:LY/T 3179—2020［S］.北京:中国标准出版社,2020.

［6］国家林业局.森林抚育规程:GB/T 15781—2015［S］.北京:中国标准出版社,2015.

［7］国家林业和草原局.封山(沙)育林技术规程:GB/T 15163—2018［S］.北京:中国标准出版社,2018.

［8］邓东周,张小平,鄢武先,等.低效林改造研究综述［J］.世界林业研究,2010,23(4):65—69.

［9］许新桥.近自然林业理论概述［J］.世界林业研究,2006,19(1):10-13.

［10］陈志银.森林病虫害防治手册［M］.南京:江苏科学技术出版社,2013.

［11］萧刚柔.中国森林昆虫 第 2 版(增订本)［M］.北京:中国林业出版社,1992.

［12］王玉祥.东营林业有害生物防控［M］.东营:中国石油大学出版社,2014.

［13］吴时英,徐颖.城市森林病虫害图鉴(第二版)［M］.上海:上海
科学技术出版社,2019.

［14］陈志银,熊大斌.江苏省林业有害生物图鉴［M］.南京:江苏凤
凰科学技术出版社,2022.

后　记

　　2022年9月17日,在江苏省北部被誉为"项王故里""中国酒都"的城市里,十几位林业技术人员包括5位教授级高级工程师济济一堂,研究编写一本涉及低效林改造退化林修复方面的技术手册。这件事距今一年多了,微小到即将消失在历史的长河里。

　　一年来,编著人员研议提纲、查阅资料、撰写编印、讨论交流、修改校对一稿二稿,又报请南京林业大学方升佐教授,江苏省林科院二级研究员黄利斌、施士争等专家审稿,直至形成本书文稿。主要编著者分工为:袁成(宿迁市自然资源和规划局研究员级高级工程师)拟订编写思路、提纲,负责统稿;第一章由袁成、霍建军(泗洪县林业科技推广中心高级工程师)编著,第二章由杨海波(泗洪县林业科技推广中心正高级工程师)、汪立三(沭阳县林业技术服务中心高级工程师)编著,第三章由谭军(江苏省农科院宿迁农科所研究员级高级工程师)、蔡卫佳(江苏省农科院宿迁农科所助理研究员)编著,第四章由程龙飞(宿迁市林业技术指导中心正高级工程师)、李宝华(宿迁市宿城区自然资源和规划服务中心高级工程师)编著,第五章由王军(宿迁市自然资源和规划局研究员级高级工程师)、潘永胜(宿迁市林木有害生物检疫防治站高级工程师)编著,第六章由袁成、朱嘉(宿迁市林业技术指导中心高级工程师)编著。

　　本书编写以《宿迁市农村绿化导则》为蓝本,感谢其编委会朱耀、单兆林、祖道乾等领导和朱嘉、程龙飞、曹园园、李泉锐、张霞、丁静等编写人员的辛勤劳动!江苏省中国科学院植物研究所(南京中山植物园)研究员、南京林业大学薛建辉教授为本书热情写序;宿迁市自然资源和规划局王永局长、单兆林副局长、王慧珠副局长等重视并支持本书的出版;市局党组成员、市土地储备中心主任于登才和市局所有者权益处、市林业技术指导中心负责同志等大力支持本书的编写;江苏省林业发展专项资金项目和泗洪县半城马浪湖林场有限公司为本书提供保障支持。在此一并深表谢意!

由于编者水平有限,难免会有一些疏漏和错误,敬请读者批评指正。

编者

2023 年 11 月